建筑工程施工技术与项目管理探究

张永刚　刘月鹏　陈加勤◎著

吉林科学技术出版社

图书在版编目（CIP）数据

建筑工程施工技术与项目管理探究 / 张永刚，刘月
鹏，陈加勤著. -- 长春：吉林科学技术出版社，2023.3
ISBN 978-7-5744-0163-1

Ⅰ. ①建… Ⅱ. ①张… ②刘… ③陈… Ⅲ. ①建筑施
工－项目管理－研究 Ⅳ. ①TU712.1

中国国家版本馆 CIP 数据核字(2023)第 053800 号

建筑工程施工技术与项目管理探究

作　　者	张永刚　刘月鹏　陈加勤
出 版 人	宛　霞
责任编辑	金方建
幅面尺寸	185 mm×260mm
开　　本	16
字　　数	291 千字
印　　张	12.75
版　　次	2023 年 3 月第 1 版
印　　次	2023 年 3 月第 1 次印刷

出　　版　吉林科学技术出版社
发　　行　吉林科学技术出版社
地　　址　长春市净月区福祉大路 5788 号
邮　　编　130118
发行部电话/传真　0431-81629529　81629530　81629531
　　　　　　　　　　81629532　81629533　81629534

储运部电话　0431-86059116

编辑部电话　0431-81629518
印　　刷　北京四海锦诚印刷技术有限公司

书　　号　ISBN 978-7-5744-0163-1
定　　价　80.00 元

前　言

建筑业是国民经济支柱产业。改革开放以来，伴随着工业化、城镇化的快速推进，我国建筑市场兴旺发达，建设速度之快前所未有。建筑业的持续快速发展，改善了城乡面貌和人民居住环境，吸纳了大量农村富余劳动力就业，为社会和谐发展做出了巨大贡献。

建筑施工过程相对复杂，技术人员需要进行施工前的准备、施工期间的控制和施工后的检查工作。施工技术对整个施工过程都有重要影响，建筑技术的创新对改善整个项目的质量和提高项目的建设效率具有特殊作用。因此，技术人员要进行施工技术的创新，就必须充分了解整个建筑的施工原理，并掌握施工过程中的技术要点，以使技术的创新有效解决施工中遇到的问题，不断提高施工水平和施工效率。在进行施工技术的创新时，施工技术必须科学合理，重视可持续发展理念，使整个建筑符合新的发展理念。

建筑工程项目管理主要服务于项目的整体利益和施工方本身的利益，其目标包括施工的成本目标、施工的进度目标和施工的质量目标。成功的项目管理是通过把握项目施工的进度、质量、成本和安全目标得以实现的。而要更好地将建设项目管理纳入正规化、标准化管理轨道，仍需要施工单位全方位地考虑到工程合同、工程信息等管理内容，在实践中不断地改进创新，以期达到施工企业追求经济效益最大化的根本目标。

本书主要研究建筑工程施工技术与项目管理，目前建筑工作的总体质量、使用性能等各方面都与人们的日常生活有着紧密的关系，所以需要重视建筑施工技术的应用以及加大工程项目管理的力度。书中施工技术包括：土方工程、砌筑工程、混凝土结构工程及防水工程；项目管理包括：成本管理、进度管理、质量管理及资源管理。本书紧密结合当今成熟的建筑工程技术，对实际的工程建设具有很高的实践指导价值，可作为高等院校土建类相关专业的教学用书，也可作为土建类工程技术人员的参考书。

张永刚

2023 年 2 月

目 录

第一章 土方工程

第一节 土方工程概述

一、土方工程的施工特点

土方工程施工具有工程量大、施工工期长、施工条件复杂、劳动强度大等特点。建筑工地的场地平整，土方工程量可达数百万立方米以上，施工面积达数平方千米，大型基坑的开挖，有的深达 20 多米。土方施工条件复杂，又多为露天作业，受气候、水文、地质等影响较大，难以确定的因素较多。因此，在组织土方工程施工前必须做好施工组织设计，选择好施工方法和机械设备，制订合理的土方调配方案，实行科学管理，以保证工程质量，并取得好的经济效果。

二、土的工程分类

土的分类方法较多，例如根据土的颗粒级配或塑性指数分类，根据土的沉积年代分类，根据土的工程特点分类等。在土方施工中，根据土的坚硬程度和开挖方法将土分为 8 类（表 1-1）。

表 1-1　土的工程分类与开挖方法

土的分类	土的名称	可松性系数		开挖方法及工具
		K_s	K_s'	
一类土（松软土）	砂；粉土；冲积砂土层；种植土；泥炭（淤泥）	1.08~1.17	1.01~1.03	能用锹、锄头挖掘
二类土（普通土）	粉质黏土；潮湿的黄土；夹有碎石、卵石的砂；填筑土及粉土混卵（碎）石	1.14~1.28	1.02~1.05	用锹、条锄挖掘，少许用镐翻松

土的分类	土的名称	可松性系数		开挖方法及工具
		K_s	K_s'	
三类土 （坚土）	中等密实黏土；重粉质黏土；粗砾石；干黄土及含碎石、卵石的黄土、粉质黏土；压实的填筑土	1.24~1.30	1.04~1.07	主要用镐，少许用锹、条锄挖掘
四类土 （砂砾坚土）	重黏土及含碎石、卵石的黏土；粗卵石、密实的黄土；天然级配砂土；软泥灰岩及蛋白石	1.26~1.32	1.06~1.09	整个用镐、撬棍，然后用锹挖掘，部分用楔子及大锤
五类土 （软石）	硬质黏土；中等密实的岩石、泥灰岩、白垩土；胶结不紧的砾岩；软的石灰岩	1.30~1.45	1.10~1.20	用镐或撬棍、大锤挖掘，部分用爆破方法
六类土 （次坚石）	泥岩；砂岩；砾岩；坚实的页岩；泥灰岩；密实的石灰岩；风化花岗岩；片麻岩	1.30~1.45	1.10~1.20	用爆破方法开挖，部分用镐
七类土 （坚石）	大理岩；辉岩；玢岩；粗、中粒花岗岩；坚实的白云岩、砂岩、砾岩、片麻岩、玄武岩	1.30~1.45	1.10~1.20	用爆破方法开挖
八类土 （特坚石）	安山岩；玄武岩；花岗片麻岩、坚实的细粒花岗岩、闪长岩、石英岩、辉长岩、辉绿岩、玢岩	1.45~1.50	1.20~1.30	用爆破方法开挖

注：K_s—最初可松性系数；K_s'—最后可松性系数。

三、土的基本性质

（一）土的组成

土一般由土颗粒（固相）、水（液相）和空气（气相）三部分组成，这三个部分之间的比例关系随着周围条件的变化而变化，三者相互间比例不同，反映出土的物理状态不同，如干燥、稍湿或很湿，密实、稍密或松散。这些指标是最基本的物理性质指标，对评价土的工程性质，进行土的工程分类具有重要意义。

土的三相物质是混合分布的，为阐述方便，一般用三相图表示。三相图中，把土的固体颗粒、水、空气各自划分开来。

（二）土的物理性质

1. 土的可松性与可松性系数

天然土经开挖后，其体积因松散而增加，虽经振动夯实，但仍然不能完全复原，这种现象称为土的可松性。土的可松性用可松性系数表示。

最初可松性系数：

$$K_s = \frac{V_2}{V_1} \qquad (1-1)$$

最后可松性系数：

$$K_s' = \frac{V_3}{V_1} \qquad (1-2)$$

式中：K_s、K_s'——土的最初、最后可松性系数。

V_1——在天然状态下的体积，m^3。

V_2——土挖后松散状态下的体积，m^3。

V_3——土经压（夯）实后的体积，m^3。

可松性系数对土方的调配、计算土方运输量都有影响。各类土的可松性系数见表 1-1。

2. 土的天然含水量

在天然状态下，土中水的质量与固体颗粒质量之比的百分率称为土的天然含水量，反映了土的干湿程度，用 ω 表示，即

$$\omega = \frac{m_w}{m_s} \times 100\% \qquad (1-3)$$

式中：m_w——土中水的质量，kg。

m_s——土中固体颗粒的质量，kg。

3. 土的天然密度和干密度

土在天然状态下单位体积的质量称为土的天然密度（简称密度）。一般黏土的密度为 1 800~2 000 kg/m^3，砂土为 1 600~2 000 kg/m^3。土的密度按下式计算：

$$\rho = \frac{m}{V} \qquad (1-4)$$

式中：ρ——土的天然密度，kg/m^3。

m ——土的质量，kg。

V ——土的体积，m³。

干密度是土的固体颗粒质量与总体积的比值，用下式计算：

$$\rho_d = \frac{m_s}{V} \qquad (1-5)$$

式中：ρ_d ——土的干密度，kg/m³。

m_s ——固体颗粒质量，kg。

V ——土的体积，m³。

4. 土的孔隙比和孔隙率

孔隙比和孔隙率反映了土的密实程度，孔隙比和孔隙率越小土越密实。

孔隙比 e 是土的孔隙体积 V_v 与固体体积的比值，用下式表示：

$$e = \frac{V_v}{V_s} \qquad (1-6)$$

孔隙率 n 是土的孔隙体积 V_v 与总体积 V 的比值，用百分率表示：

$$n = \frac{V_v}{V} \times 100\% \qquad (1-7)$$

5. 土的渗透系数

土的渗透性系数表示单位时间内水穿透土层的能力，单位用 m/d 表示。根据土的渗透系数不同，可分为透水性土（如砂土）和不透水性土（如黏土）。它影响施工降水与排水的速度，一般土的渗透系数见表1-2。

表 1-2　土的渗透系数

土的名称	渗透系数 $K/(m \cdot d-1)$	土的名称	渗透系数 $K/(m \cdot d-1)$
黏土	<0.005	中砂	5.00~20.00
粉质黏土	0.005~0.10	均质中砂	35~50
粉土	0.10~0.50	粗砂	20~50
黄土	0.25~0.50	圆砂石	50~100
粉砂	0.50~1.00	卵石	100~500
细砂	1.00~5.00		

第二节　土方工程量的计算与调配

土方工程施工之前，必须进行土方工程量计算。但施工的土体一般比较复杂，几何形状不规则，要做到精确计算比较困难。工程施工中，往往采用具有一定精度的近似方法进行计算。

一、基坑、基槽和路堤的土方量计算

当基坑上口与下底两个面平行时（图1-1），其土方量即可按拟柱体的体积公式计算，即：

$$V = \frac{H}{6}(F_1 + 4F_0 + F_2) \tag{1-8}$$

式中：H——基坑深度，m。

F_1，F_2——基坑上、下两底面积，m^2。

F_0——F_1 与 F_2 之间的中截面面积，m^2。

当基槽和路堤沿长度方向断面呈连续性变化时（图1-2），其土方量可以用同样方法分段计算。

$$V_1 = \frac{L_1}{6}(F_1 + 4F_0 + F_2) \tag{1-9}$$

式中：V_1——第一段的土方量，m^3。

L_1——第一段的长度，m。

将各段土方量相加即得总土方量，即

$$V = V_1 + V_2 + \cdots + V_n \tag{1-10}$$

式中 V_1，V_2，$\cdots$，V_n——各分段土的土方量，m^3。

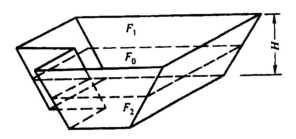

图1-1　基坑土方量计算示意图

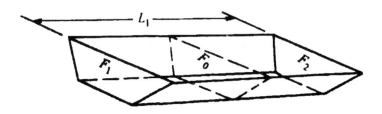

图 1-2　基槽土方量计算示意图

二、场地平整标高与土方量计算

（一）确定场地设计标高

1. 初步设计标高

初步确定场地设计标高的原则是场地内挖填方平衡，即场地内挖方总量等于填方总量。

计算场地设计标高时，首先将场地划分成有若干个方格的方格网，每格的大小根据要求的计算精度及场地平坦程度确定，一般边长为 10~40 m，如图 1-3a 所示。然后找出各方格角点的地面标高。当地形平坦时，可根据地形图上相邻两等高线的标高，用插入法求得。当地形起伏或无地形图时，可在地面用木桩打好方格网，然后用仪器直接测出。

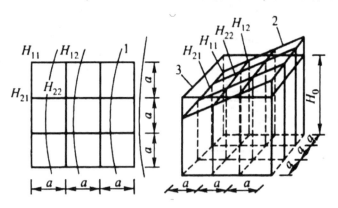

a 方格网划分　b 场地设计标高示意图

1-等高线；2-自然地面；3-场地设计标高平面

图 1-3　场地设计标高 H_0 计算示意图

按照场地内土方的平整前后相等，即挖填方平衡的原则，如图 1-3b 所示，场地设计标高即为各个方格平均标高的平均值，可按下式计算：

$$H_0 = \frac{\Sigma(H_{11} + H_{12} + H_{21} + H_{22})}{4N} \tag{1-11a}$$

式中：H_0——所计算的场地设计标高，m。

N——方格数。

H_{11}，…，H_{22}——任一方格 4 个角点的标高，m。

从图 1-3a 可以看出，是一个方格的角点标高，H_{12} 及 H_{21} 是相邻两个方格的公共角点标高，H_{22} 是相邻 4 个方格的公共角点标高。如果将所有方格的 4 个角点全部相加，则它们在式（1-11a）中分别要加一次、两次、四次。

例如，令 H_1 为 1 个方格仅有的角点标高，H_2 2 个方格共有的角点标高，H_3 为 3 个方格共有的角点标高，H_4 比为 4 个方格共有的角点标高，则场地设计标高 H_0 可改写成下式：

$$H_0 = \frac{\Sigma H_1 + 2\Sigma H_2 + 3\Sigma H_3 + 4\Sigma H_4}{4N} \tag{1-11b}$$

2. 场地设计标高的调整

按式（1-11b）计算的场地设计标高 H_0 为一理论值，尚须考虑以下因素进行调整。

（1）土的可松性影响

由于土具有可松性，一般填土会有剩余，需要因地提高设计标高。由图 1-4 可看出，考虑土的可松性引起设计标高的增加值 Δh，得

$$\Delta h = \frac{V_w(K_s^{'} - 1)}{F_t + F_w K_a^{'}} \tag{1-12}$$

式中：V_w——按理论标高计算出的总挖方体积。

F_w、F_t——理论设计标高计算出的挖方区、填方区总面积。

$K_s^{'}$——土的最后可松性系数。

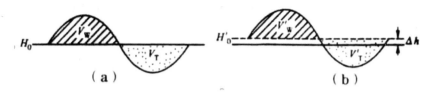

图 1-4　考虑土的可松性调整设计标高计算示意图

调整后的设计标高值，可由下式表示：

$$H_0^{'} = H_0 + \Delta h \tag{1-13}$$

（2）场内挖方和填土的影响

由于场内大型基坑挖出的土方、修筑路基填高的土方、场地周围挖填放坡的土方，以

及经过经济比较，而将部分挖方就近弃于场外或将部分填方就近从场外取土，均会引起场地挖方或填方量的变化。必要时，也须调整设计标高。

（3）场地泄水坡度的影响

按上述计算和调整后的设计标高进行场地平整时，场地将是一个水平面。但实际上，由于排水的要求，场地表面均需要有一定的泄水坡度。因此，还需要根据泄水要求，最后计算出场地内各方格角点实际施工时的设计标高。

（二）场地土方量计算

场地平整土方量的计算方法通常有方格网法和断面法两种。方格网法适用于地形较为平坦、面积较大的场地，断面法多用于地形起伏变化较大的地区。

用方格网法计算时，先根据每个方格角点的自然地面标高和实际采用的设计标高，算出相应的角点填挖高度，然后计算每一个方格的土方量，并算出场地边坡的土方量，这样即可得到整个场地的挖方量、填方量，具体有如下几步：

1. 计算场地各方格角点的施工高度

各方格角点的施工高度（挖、填方高度）h_n：

$$h_n = H_n - H_n^{'} \tag{1-14}$$

式中：h_n——该角点的挖、填高度，以"+"为填方高度，以"–"为挖方高度，m。

H_n——该角点的设计标高，m。

$H_n^{'}$——该角点的自然地面标高，m。

2. 绘出"零线"

零线是场地平整时，施工高度为"0"的线，是挖、填的分界线。确定零线时，要先找到方格线上的零点。零点在相邻两角点施工高度分别为"+""–"的格线上，是两角点之间挖填方的分界点。方格线上的零点位置如图 1-5 所示，可按下式计算：

$$x = \frac{ah_1}{h_1 + h_2} \tag{1-15}$$

式中：h_1、h_2——相邻两角点挖、填方施工高度（以绝对值代入）。

a——方格边长。

x——零点距角点 A 的距离。

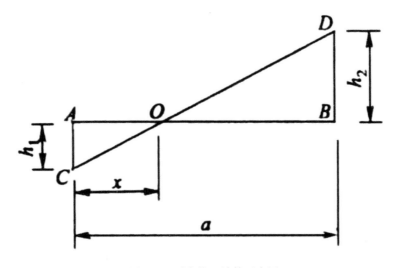

图 1-5　零点位置计算示意图

参考实际地形，将方格网中各相邻零点连接起来，即成为零线。如不需要计算零线的确切位置，则绘出其大致走向即可。零线绘出后，也就划分出了场地的挖方区和填方区。

3. *场地土方量计算*

计算场地土方量时，先求出各方格的挖、填土方量和场地周围边坡的挖、填土方量，把挖、填土方量分别加起来，就得到场地挖方及填方的总土方量。

各方格土方量计算的方法有四方棱柱体法和三角棱柱体法。

（1）四方棱柱体法

①全挖全填格。方格 4 个角点全部为挖方（或填方），其挖或填的土方量为

$$V = \frac{a^2}{4}(h_1 + h_2 + h_3 + h_4) \tag{1-16}$$

式中：V——挖方或填方的土方量，m。

h_1、h_2、h_3、h_4——方格 4 个角点的挖填高度（以绝对值代入），m。

②部分挖部分填格。方格的 4 个角点部分为挖方、部分为填方时：

$$V_{挖} = \frac{a^2 \, (\Sigma h_{挖})^2}{4\Sigma h} \tag{1-17}$$

$$V_{填} = \frac{a^2 \, (\Sigma h_{填})^2}{4\Sigma h} \tag{1-18}$$

（2）三角棱柱体法

三角棱柱体法是将每一个方格顺地形等高线方向，沿对角线划分成两个三角形，然后分别计算每一个三角棱柱体、锥体或楔形体的土方量。

①全挖全填。当三角形 3 个角点全部为挖或全部为填时，挖或填的土方量为

$$V = \frac{a^2}{6}(h_1 + h_2 + h_3) \tag{1-19}$$

式中：a——方格边长，m。

h_1、h_2、h_3——三角形各角点的施工高度（用绝对值代入），m。

②有挖有填。当三角形 3 个角点有挖有填时，零线将三角形分成两部分，一个是底面为三角形的锥体，一个是底面为四边形的楔体。

其中锥体部分的体积为

$$V_{锥} = \frac{a^2}{6(h_1 + h_2)(h_2 + h_3)} \tag{1-20}$$

楔体部分的体积为

$$V_{楔} = \frac{a^2}{6}\left[\frac{h_3^3}{(h_1 + h_3)(h_2 + h_3)} - h_3 + h_1 + h_2\right] \tag{1-21}$$

式中：h_1、h_2、h_3——三角形各角点的施工高度（取绝对值），m。

h_3——锥体顶点的施工高度。

三、土方调配

（一）调配区的划分

进行土方调配时，首先要划分调配区。划分调配区应注意下列 5 点：

第一，调配区的划分应该与工程建（构）筑物的平面位置相协调，并考虑它们的开工顺序、分期施工的要求，使近期施工与后期利用相协调。

第二，调配区的大小应该满足土方施工主导机械（铲运机、挖土机等）的技术要求。

第三，调配区的范围应该和方格网协调，通常可由若干个方格组成一个调配区。

第四，当土方运距较大或场地范围内土方不平衡时，可根据附近地形，考虑就近取土或就近弃土，这时每个取土区或弃土区都应作为一个独立的调配区。

第五，调配区划分还应尽量与大型地下建筑物的施工相结合，避免土方重复开挖。

（二）平均运距的确定

平均运距一般是指挖方区土方重心至填方区土方重心的距离。当填、挖方调配区之间距离较远，采用汽车等运土工具沿工地道路或规定线路运土时，其运距应按实际情况进行计算。

（三）土方施工单价的确定

如果采用汽车或其他专用运土工具运土时，调配区之间的运土单价，可根据预算定额确定。当采用多种机械施工时，确定土方的施工单价就比较复杂，因为不仅是单机核算问题，还要考虑运、填配套机械的施工单价，确定一个综合单价。

将上述平均运距或土方施工单价的计算结果填入土方平衡表内。

第三节 土方工程的准备与辅助工作

一、土方工程施工前的准备工作

土方工程施工前应做好下述准备工作：

第一，场地清理。场地清理包括清理地面及地下各种障碍。在施工前应拆除旧房和古墓，拆除或改建通信、电力设备、地下管线及建筑物，迁移树木，去除耕植土及河塘淤泥等。

第二，排除地面水。场地内低洼地区的积水必须排除，同时应注意雨水的排除，使场地保持干燥，以利土方施工。地面水的排除一般采用排水沟、截水沟、挡水土坝等措施。

第三，修筑好临时道路及供水、供电等临时设施。

第四，做好材料、机具及土方机械的进场工作。

第五，做好土方工程测量、放线工作。

第六，根据土方施工设计做好土方工程的辅助工作，如边坡稳定、基坑（槽）支护、降低地下水等。

二、土方边坡及其稳定

（一）土方边坡

合理地选择基坑、沟槽、路基、堤坝的断面和留设土方边坡，是减少土方量的有效措施。土方边坡的坡度用边坡高度 h 与其底宽度 b 之比表示：

$$土方边坡坡度 = \frac{h}{b} = \frac{1}{b/h} = 1 : m \tag{1-22}$$

式中：m ——坡度系数，$m = b/h$。

坡度系数的意义：当边坡高度已知为 h 时，其边坡宽度则等于 mh。

土方边坡的稳定，主要是由于土体内土颗粒间存在摩阻力和黏结力，从而使土体具有一定的抗剪强度，当下滑力超过土体的抗剪力时，就会产生滑坡。

土体抗剪强度的大小与土质有关，黏性土颗粒之间不仅具有摩阻力，而且具有黏结力。砂性土颗粒之间只有摩阻力，没有黏结力。因此，黏性土的边坡可陡些，砂性土的边坡则应平缓些。

土方边坡大小应根据土质、开挖深度、开挖方法、施工工期、地下水位、坡顶荷载及气候条件等因素确定。边坡可做成直线形、折线形或阶梯形。

（二）土方边坡的稳定

基坑开挖后，如果边坡土体中的剪应力大于土的抗剪强度，则边坡就会滑动失稳。实际工程中，一旦土体失去平衡，土体就会塌方，这不仅会造成人身安全事故，同时会影响工期，并且会对周围环境造成严重破坏。

1. 边坡稳定分析

造成土体边坡失稳的原因从力学角度分析大致有两种：一种是土坡内的应力平衡状态被破坏，如路堑或基坑开挖，土体自身重力场发生变化从而改变原有状态下的应力平衡；另一种是边坡土体内的抗剪强度因外部因素的影响而降低，如降雨时雨水下渗，以及土坡附近打桩与爆破等人为活动都会引起土体本身强度的降低，从而引起边坡失稳。

在实际工程中，研究边坡稳定性是为了设计安全而合理的土坡断面。若边坡太陡可能会失稳，而边坡太缓则会造成土方量增加或过多的占用土地。显然，分析边坡稳定有其重要的工程应用价值与理论意义。

土坡的稳定性是用其稳定安全因数 K_s 表示的，其定义如下：

$$K_s = \frac{\tau_f}{\tau} \tag{1-23}$$

式中：τ_f——土体滑动面上的抗剪强度。

τ——土体滑动面上的剪应力。

若 $K_s > 1$，则边坡稳定；若 $K_s = 0$，则边坡处于极限平衡状态；若 $0 < K_s < 1$，则边坡处于不稳定状态。

从理论上来讲，目前研究土体边坡稳定主要有以下两类方法：一是利用弹性、塑性或弹塑性理论确定土体的应力状态；二是假定土体沿着一定的滑动面滑动而进行极限平衡分析。在极限平衡法中常用的有瑞典圆弧滑动法（亦称 Felenius 法）、瑞典条分法和改进的条分法（又称毕肖甫法），条分法由于能适应复杂的几何形状、各种土质和孔隙水压力，因而成为比较常用的方法。

边坡稳定分析属于土力学中的稳定问题，此处不再详细讲述。

2. 边坡失稳的原因分析

造成土坡塌方的主要原因有以下几个方面：

第一，边坡过陡，使得土体的稳定性不够，而引起塌方现象。尤其是在土质差、开挖深度大的坑槽中，常会遇到这种情况。

第二，由于地下水、雨水的渗入，使得基坑土体泡软、含水率增大及抗剪强度降低。

第三，荷载影响。由于基坑上边缘附近大量堆载或停放机具、材料，或由于动荷载的作用，使土体中的剪应力超过土体的抗剪强度。

3. 预防边坡失稳的措施

为了充分保证土坡的安全与稳定，针对上述各种造成土坡塌方的原因，可采取以下防护措施：

第一，条件允许的情况下，放足边坡。边坡的留设应符合规范要求，其坡度的大小应根据土壤性质、水文地质条件、施工方法、开挖深度、工期的长短等因素综合考虑。一般情况下，黏性土的边坡可陡些，砂性土则应当平缓些；井点降水或机械在坑底施工时边坡可陡些，明沟排水、人工挖土或机械在坑上边挖土时则应平缓些。

第二，合理安排土方运输车辆的行走路线及弃土地点，防止坡顶集中堆载及振动。必要时可采用钢丝网细石混凝土（或砂浆）护坡面层加固。当必须在坡顶或坡面上堆土时，应进行坡体稳定性验算，严格控制堆放的土方量。

第三，边坡开挖时，应由上到下，分层开挖，依次进行。边坡开挖后，应立即对边坡进行防护处理。施工过程中应经常检查平面位置、水平标高、边坡坡度，以及降、排水系统，并随时观测周围的环境变化。

三、支护结构的破坏形式

基坑支护结构破坏原因归纳起来主要有以下几条：

（一）整体失稳

在松软的地层中，当基坑平面尺寸较大时，由于作为支护结构的板桩墙插入深度不够，或施工时几何形状和相互连接不符合要求，支撑位置不当，支撑与围檩系统结合不牢等，围护墙会产生位移过大的前倾或后仰，导致基坑外土体大滑坡，支护结构系统整体失稳破坏。

（二）基坑隆起

在软弱的黏性土层中开挖基坑，当基坑内土体不断挖去，围护墙内外土面的高差引起的体系不平衡力相当于墙外在基坑开挖水平面上作用——附加荷载。挖深增大，荷载也增大。若墙体入土深度不足，则会使基坑内土体大量隆起，基坑外土体过量沉陷，支撑系统应力陡增，导致支撑结构整体失稳破坏。

（三）管涌或流砂

含水砂层中的基坑支护结构，在基坑开挖过程中，围护墙内外形成水头差，当动水压的渗流速度超过临界流速或水梯度超过临界梯度时，就会引起管涌及流砂现象。基坑底部和墙体外面大量的砂随地下水涌入基坑，导致地面塌陷，同时使墙体产生过大位移，引起整个支护系统崩塌。有时开挖面下有薄不透水层，薄不透水层下是一层有承压水头的砂层，当薄不透水层抵挡不住水头压力，在渗流作用下被切割成小块脱离原位，也会造成支护结构的崩塌破坏。

（四）支撑强度不足或压屈

当设置的支撑间距过大或数量太少，强度不足或刚度不够时，在较大的侧向土压力作用下，发生支撑破坏或压屈、引起围护墙变形过大，导致支护结构破坏。

（五）墙体破坏

墙体强度不够或连接构造不好，在土压力、水压力作用下，产生的最大弯矩超过墙体抗弯强度，产生强度破坏。

（六）支护结构平面变形超过限度

由于支护结构平面变形过大，或是降水造成周围土体沉降，使基坑外围的土体发生垂直或水平位移。有时，这种变形对支护结构本身尚未带来妨碍和危害，但对邻近建筑物或地下管线造成有害影响，造成建筑物下沉、倾斜、开裂，或造成上、下水管，煤气管，供电和通信电缆变形、拉伸或断裂。

四、支护结构的类型及适用条件

（一）钢板桩

常用的钢板桩有槽钢钢板桩和"拉森"钢板桩。前者是一种简易的钢板桩挡墙，由于抗弯能力较弱，亦不能挡水，多用于深度不超过 4 m 的基坑，并在顶部设一道拉锚或支撑。"拉森"钢板桩刚度大，而且通过锁口相互咬合，基本不透水，可用于开挖 5~7 m 的基坑。由于一次性投资较大，所以在支护工程完毕后要将桩拔出，否则很不合算。拔出后按摊销计算费用，比灌注桩节省。

钢板桩用打入或振动法施工，但是由于钢板桩柔性较大，所以当基坑较深时，支撑或拉锚工程量大，对坑内施工会带来一定的困难，而且施工完毕后拔出时由于带土，如处理不当会引起土层移动，严重时会给施工的结构或周围的设施带来危害，应予以充分注意。

（二）钢筋混凝土板桩

钢筋混凝土板桩是预制的钢筋混凝土构件，用打入法就位，并且相互嵌入。这种板桩有较大的刚度和不透水性，一般是一次性的。

（三）钻孔灌注排桩

钻孔灌注排桩是目前深基坑支护结构中应用较多的一种。钻孔灌注桩作为挡土结构，桩与桩之间用旋喷桩或压力注浆进行防渗处理，排桩顶部浇注一根钢筋混凝土圈梁，将桩排联成整体。这种支护结构又可分为悬臂式、内支撑式和锚固式3种。

悬臂式。悬臂式支护结构的挡土深度视地质条件和桩径而异。其特点是场地开阔，挖土效率高，比较经济。

内支撑式。在基坑内加钢质支撑或钢筋混凝土支撑等。内支撑有竖向斜支撑和水平支撑两大类。竖向斜支撑适用于支护结构高度不大、所需支撑力不大的情况，一般为单层；水平支撑可单层设置，也可多层设置。

锚固式。钻孔灌注桩与土层锚杆、锚定板等联合使用，可用于较深基坑。其特点为开挖效率高，施工方便，但水泥及钢材用量相对较多。

灌注桩挡墙的刚度较大，抗弯能力强，变形相对较小。但由于灌注桩之间难以做到完全相切，桩之间留有100~200 mm的间隙，挡水效果差，在地下水位高的软土地区须将它与深层搅拌水泥土桩结合应用，前者抗弯，后者做成防水帷幕起挡水作用，或者在灌注桩之间用树根桩或注浆止水。

（四）水泥土深层搅拌桩挡墙

国内常用深层搅拌法形成重力式挡墙，一般形成格状。这类挡土结构的优点是不设支撑，不渗水，并且只需水泥，不需要钢材，造价低。但为了满足稳定性要求，一般宽度很大。深层搅拌法是利用特制的深层搅拌机在边坡土体需要加固的范围内，将软土与固化剂强制拌和，使软土硬结成具有整体性、水稳性和足够强度的水泥加固土，又称为水泥土搅拌桩。

深层搅拌法利用的固化剂为水泥浆或水泥砂浆，水泥的掺量为加固土重的 7%～15%，水泥砂浆的配合比为 1∶1 或 1∶2。

深层搅拌机是深层搅拌水泥土桩施工的主要机械。目前国内应用的搅拌机有中心管喷浆方式和叶片喷浆方式。前者的输浆方式中的水泥浆是从两根搅拌轴之间的另一根管子输出，不影响搅拌均匀度，可适用于多种固化剂；后者是使水泥浆从叶片上若干个小孔喷出，使水泥浆与土体混合较均匀，适用于大直径叶片和连续搅拌，但因喷浆孔小易堵塞，它只能使用纯水泥浆而不能采用其他固化剂。

深层搅拌水泥土桩挡墙属重力式支护结构，主要由抗倾覆、抗滑移和抗剪强度控制截面和入土深度。目前这种支护的体积都较大，为此可采取下列措施：

1. 卸荷。如条件允许可将顶部的土挖去一部分，以减少主动土压力。

2. 加筋。可在新搅拌的水泥土桩内压入竹筋等，有助于提高其稳定性。但加筋与水泥土的共同作用问题有待研究。

3. 起拱。将水泥土挡墙做成拱形，在拱脚处设钻孔灌注桩，可大大提高支护能力，减小挡墙的截面。或对于边长大的基坑，于边长中部适当起拱以减少变形。目前，这种形式的水泥土挡墙已在工程中应用。

4. 挡墙变厚度。对于矩形基坑，由于边脚效应，在角部的主动土压力有所减小。因此，在角部可将水泥土挡墙的厚度适当减薄，以节约投资。

（五）旋喷桩挡墙

旋喷桩挡墙又称高压喷射注浆法。旋喷桩挡墙是利用工程钻机钻孔至设计标高后，将钻杆从地基深处逐渐上提，同时利用安装在钻杆端部的特殊喷嘴，向周围土体喷射固化剂，将软土与固化剂强制混合，使其胶结硬化后在地基中形成直径均匀的圆柱体。该固化后的圆柱体称为旋喷桩。桩体相连形成帷幕墙，用作支护结构。

高压喷射注浆法的施工工艺：钻机就位—钻孔—插管—喷射注浆—拔管冲洗。

高压喷射注浆法采用高压发生设备及钻机，对于坚硬土层则采用地质钻机。其喷射方法分为单管法、二重管法和三重管法。单管法以水泥浆作为喷流的载能介质，由于水泥浆的稠度和黏滞力较大，所以形成的旋喷直径较小，为 0.6～1.2 m。二重管法以水泥浆作为喷流的载能介质，同时喷射压缩空气，可形成 1.0～1.6 m 较大直径的旋喷桩。三重管法以水作为喷流的载能介质，同时喷射固化剂和压缩空气，水对土体破坏力大，可形成 1.5～2.5 m 大直径的旋喷桩。高压水射流的压力宜大于 20 MPa，水泥浆液流压力宜大于 1 MPa，气流压力为 0.7 MPa。注浆管贯入土中，喷嘴达到设计标高时，即可提升注浆管，由下向上喷射注浆。要求钻孔的位置与设计位置偏差不得大于 50 mm。

高压喷射注浆法可采用开挖检查、钻孔取芯、标准贯入、载荷试验或压水试验方法进行质量检验，检验点数量为施工注浆孔数的 2%～5%，至少应检验 2 个点。

（六）地下连续墙

地下连续墙是在基坑四周浇筑具有相当厚度的钢筋混凝土封闭墙，它可以是建筑物的外墙结构，也可以是基坑的临时围护墙。

地下连续墙止水性能好，能承受垂直荷载，刚度大，且能承受土压力、水压力的水平荷载。因此，地下连续墙具有挡土、抗渗和承重的性能，是深基坑支护的多功能结构。

地下连续墙施工工艺是在工程开挖土方之前，用特制的挖槽机械在泥浆护壁的情况下每次开挖一定长度（一个单元槽段）的沟槽，待开挖至设计深度并清除沉淀下来的泥渣后，将在地面上加工好的钢筋骨架（一般称为钢筋笼）用起重机吊起放入充满泥浆的沟槽内，用导管向沟槽内浇筑混凝土，由于混凝土是由沟槽底部开始逐渐向上浇筑，所以随着混凝土的浇筑可将泥浆置换出来，待混凝土浇筑至设计标高后，一个单元槽即施工完毕。各个单元槽之间由特制的接头连接，形成连续的地下钢筋混凝土墙。

地下连续墙的适用范围较广，基本上适用于所有土质，特别是对软土地层更有利于施工。当基坑深度较大且邻近的建（构）筑物、道路和地下管线相距甚近时，该方案是应首先考虑的支护方案。

这种结构常用于较深的基坑，如地铁、车站或多层地下停车场等。其刚度与强度都较好，但造价较高。

（七）拉锚

拉锚是通过钢筋或钢丝绳一端固定在支护板上的腰梁上，另一端固定在锚碇上，中间设置法兰螺丝以调整拉杆长度。

当土质较好时，可埋设混凝土梁或横木做锚碇；当土质不好时，则在锚碇前打短桩。拉锚的间距及拉杆直径要经过计算确定。拉锚式支撑在坑壁上只能设置一层，锚碇应设置在坑壁上主动滑移面之外。当需要设多层拉杆时，可采用土层锚杆支护。

（八）锚杆支护

锚杆支护的构造。锚固支护结构的土层锚杆通常由锚头、锚头垫座、支护结构、钻孔、防护套管、拉杆（拉索）、锚固体、锚底板（有时无）等组成。

锚杆支护的类型：①一般灌浆锚杆。一般灌浆锚杆钻孔后放入受拉杆件，然后用砂浆泵将水泥浆或水泥砂浆注入孔内，经养护后，即可承受拉力。②高压灌浆锚杆。高压灌浆锚杆与一般灌浆锚杆的不同点是在灌浆阶段对水泥砂浆施加一定的压力，使水泥砂浆在压力下压入孔壁四周的裂缝并在压力下固结，从而使锚杆具有较大的抗拔力。③预应力锚杆。预应力锚杆先对锚固段进行一次压力灌浆，然后对锚杆施加预应力后锚固，并在非锚固段进行不加压二次灌浆，也可一次灌浆（加压或不加压）后施加预应力。这种锚杆可穿过松软地层而锚固在稳定土层中，并使结构物减小变形。我国目前大都采用预应力锚杆。④扩孔锚杆。扩孔锚杆用特制的扩孔钻头扩大锚固段的钻孔直径，或用爆扩法扩大钻孔端头，从而形成扩大的锚固段或端头，可有效提高锚杆的抗拔力。扩孔锚杆主要用在松软地层中。另外，还有重复灌浆锚杆，可回收锚筋锚杆等。在灌浆材料上，可使用水泥浆、水泥砂浆、树脂材料、化学浆液等作为锚固材料。

锚杆支护施工。土层锚杆施工包括施工准备工作、钻孔、安放拉杆、灌浆和张拉锚固等工序。钻孔机械按工作原理可分为旋转式钻孔机、冲击式钻孔机和旋转冲击式钻孔机 3 类，主要根据土质、钻孔深度和地下水情况进行选择。

土层锚杆钻孔的特点及应达到的要求：①孔壁要求平直，以便安放钢拉杆和灌注水泥浆；②孔壁不得塌陷和松动，否则影响钢拉杆安放和土层锚杆的承载能力；③钻孔时不得使用膨润土循环泥浆护壁，以免在孔壁上形成泥皮，降低锚固体与土壁间的摩擦阻力。

因土层锚杆的钻孔多数有一定的倾角，所以孔壁的稳定性较差。另外，由于土层锚杆的长细比很大，孔洞很长，所以保证钻孔的准确方向和直线性较困难，易偏斜和弯曲。

土层锚杆常用的拉杆，有钢管、粗钢筋、钢丝束和钢绞线。主要根据土层锚杆的承载能力和现有材料的情况来选择，承载能力较小时，多用粗钢筋，承载能力较大时，多用钢绞线。

压力灌浆是土层锚杆施工中的一个重要工序。施工时应将有关数据记录下来，以备将来查用。

灌浆的浆液为水泥砂浆（细砂）或水泥浆，选定最佳水灰比亦很重要；要使水泥浆有足够的流动性，以便用压力泵将其顺利注入钻孔和钢拉杆周围。同时，还应使灌浆材料收缩小和耐久性好，因此一般常用的水灰比为 0.4~0.45。

灌浆方法有一次灌浆法和二次灌浆法两种。一次灌浆法只用 1 根灌浆管，利用 2DN–15/40 型等泥浆泵进行灌浆，灌浆管端距孔底 20 cm 左右，待浆液流出孔口时，用水泥袋纸等捣塞入孔口，并用湿黏土封堵孔口，严密捣实，再以 2~4 MPa 的压力进行补灌，要稳压数分钟灌浆才告结束。

二次灌浆法要用两根灌浆管，第一次灌浆用灌浆管的管端距离锚杆末端 50 mm 左右，管底出口处用黑胶布等封住，以防沉放时土进入管口。第二次灌浆用灌浆管的管端距离锚杆末端 1 000 mm 左右，管底出口处亦用黑胶布封住，且从管端 500 m 处开始向上每隔 2 m

左右做出 1 m 长的花管，花管的孔眼为 $\varphi 8$ mm，花管做几段视锚固段长度而定。

土层锚杆灌浆后，待锚固体强度达到 80% 设计强度以上，便可对锚杆进行张拉和锚固。张拉前先在支护结构上安装围檩。张拉用设备与预应力结构张拉相同。

从我国目前情况看，钢拉杆为变形钢筋者，其端部加焊一螺丝端杆，用螺母锚固。钢拉杆为光圆钢筋者，可直接在其端部攻丝，用螺母锚固。如用精轧钢纹钢筋，可直接用螺母锚固。张拉粗钢筋一般用千斤顶。

钢拉杆和钢丝束者，锚具多为锻头锚，亦一般用千斤顶张拉。

预加应力的锚杆，应结合工程具体情况正确估算预应力损失。

五、施工降水与排水

（一）集水井降水法

集水井降水法一般适用于降水深度较小且土层为粗粒土层或渗水量小的黏土层。当基坑开挖较深，又采用刚性土壁支护结构挡土并形成止水帷幕时，基坑内降水也多采用集水井降水法。当井点降水仍有局部区域降水深度不足时，也可辅以集水井降水法。

1. 定义

集水井降水法，是在基坑或沟槽开挖时，在坑底设置集水井，并沿坑底的周围或中央开挖排水沟，使水在重力作用下流入集水井内，然后用水泵抽出坑外。

2. 设置

四周的排水沟及集水井一般应设置在基础范围以外，地下水流的上游，如基坑面积较大时，可在基础下设置盲沟。盲沟连通至集水井，可将基础下涌出的水排出基坑。

集水井的间距主要根据土的含水率、渗透系数、基坑平面形状及水泵能力确定，一般集水井每隔 20~40 m 设置一个；基坑 4 个角应各设一个。

集水井直径或宽度一般为 0.6~0.8 m，其深度随挖土深度增大而加深，深集水井井壁可用砖垒砌，也可用竹筐、木板等加固，并在井底铺设碎石滤水层，以免在抽水时将泥砂抽出。排水沟宽为 0.4~0.6 m，深为 0.4~0.6 m，并有一定的坡度（2% 左右）。盲沟置于基础底板下，由于基础施工完毕后无法看见所以叫盲沟。盲沟相当于看不见的排水沟，盲沟的尺寸同排水沟。

集水井降水法常用的水泵有离心泵和潜水泵两种。

集水井降水法所需设备简单，施工方便，特别适用于粗粒土层降水。当土质为细砂或粉砂时，采用集水井降水法降低地下水位时，坑下土有时会形成流动状态而随着地下水流入基坑，形成流砂，从而引发边坡坍塌，坑底凸起，造成施工条件恶化，无法继续土方工程施工。产生流砂现象的主要原因是由于地下水的水力坡度大，即动水压力大，而且动水压力的方向（与水流方向一致）与土的重力方向相反，土不仅受水的浮力，而且受动水压力的作用，有向上举的趋势。当动水压力大于或等于土的浮容重时，土颗粒处于悬浮状态，并随地下水一起流入基坑，即发生流砂现象。

3. 流砂的防治原则与方法

流砂的防治原则：①减少或平衡动水压力；②截住地下水流；③收变动水压力的方向。

防治的方法：①枯水期施工；②打板桩；③水中挖土；④人工降低地下水位；⑤地下连续墙法；⑥抛大石块，抢速度施工。

（二）井点降水法

井点降水就是在基坑开挖前，预先沿基坑四周埋设一定数量的滤水管（井），在基坑开挖前和开挖过程中，利用真空原理，利用抽水设备不断地抽出地下水，使地下水位降低到坑底以下。施工过程中抽水应不间断地进行，直至基础工程施工完毕回填土完成为止。

井点降水的作用主要有以下几个方面：

第一，防止地下水涌入坑内。

第二，防止边坡由于地下水的渗流而引起的塌方。

第三，使坑底的土层消除了地下水位差引起的压力，因此防止了管涌。

第四，降水后，降低了深基坑围护结构的水平荷载。

第五，消除了地下水的渗流，也防止了流砂现象。

第六，降低地下水位后，还使土体固结，增加地基土的承载力。

第四节　土方工程的机械化施工

土方工程的施工过程包括土方开挖、运输、填筑与压实。土方工程应尽量采用机械化施工，以减轻繁重的体力劳动和提高施工速度。

一、主要挖土机械的性能

（一）推土机

推土机是土方工程施工的主要机械之一，它是在履带式拖拉机上安装推土板等工作装置而成的机械。常用推土机的发动机功率有 45 kW、75 kW、90 kW、120 kW 等。推土板多用油压操纵。

推土机操纵灵活，运转方便，所需工作面较小，行驶速度快，易于转移，能爬 30°左右的缓坡，因此应用范围较广。

推土机适于开挖一至三类土，多用于平整场地，开挖深度不大的基坑，移挖作填，回填土方，堆筑堤坝以及配合挖土机集中土方、修路开道等。

推土机作业以切土和推运土方为主，切土时应根据土质情况，尽量采用最大切土深度在最短距离（6~10 m）内完成，以便缩短低速行进的时间，然后直接推运到预定地点。上下坡坡度不得超过 35°，横坡不得超过 10°。几台推土机同时作业时，前后距离应大于 8 m。

推土机经济运距在 100 m 以内，效率最高的运距为 60 m。为提高生产率，可采用槽形推土、下坡推土以及并列推土等方法。

（二）铲运机

铲运机是一种能综合完成全部土方施工工序（挖土、装土、运土、卸土和平土）的机械。按行走方式分为自行式铲运机和拖式铲运机两种。常用的铲运机斗容量为 2 m³、5 m³、6 m³、7 m³ 等，按铲斗的操纵系统又可分为机械操纵和液压操纵两种。

铲运机操纵简单，不受地形限制，能独立工作，行驶速度快，生产效率高。

铲运机适于开挖一至三类土，常用于坡度为 20°以内的大面积土方挖、填、平整、压实，大型基坑开挖和堤坝填筑等。

铲运机运行路线和施工方法视工程大小、运距长短、土的性质和地形条件等而定。其运行线路可采用环形路线或"8"字路线，适用运距为 600~1 500 m，当运距为 200~350 m 时效率最高。采用下坡铲土、跨铲法、推土机助铲法等，可缩短装土时间，提高土斗装土量，以充分发挥其效率。

（三）挖掘机

挖掘机按行走方式分为履带式和轮胎式两种。按传动方式分为机械传动和液压传动两种。斗容量有 0.2m³、0.4 m³、1.0m³、1.5 m³、2.5m³ 等，工作装置有正铲、反铲、抓铲，机械传动挖掘机还有拉铲，使用较多的是正铲与反铲。挖掘机利用土斗直接挖土，因此也称为单斗挖土机。

1. 正铲挖掘机

它适用于开挖停机面以上的土方，且须与汽车配合完成整个挖运工作。正铲挖掘机挖掘力大，适用于开挖含水量较小的一至四类土和经爆破的岩石及冻土。

正铲的生产率主要决定于每斗作业的循环延续时间。为了提高其生产率，除了工作面高度必须满足装满土斗的要求之外，还要考虑开挖方式和与运土机械配合。尽量减少回转角度，缩短每个循环的延续时间。

2. 反铲挖掘机

反铲适用于开挖一至三类的砂土或黏土。它主要用于开挖停机面以下的土方，一般反铲的最大挖土深度为 4~6 m，经济合理的挖土深度为 3~5 m。反铲也需要配备运土汽车进行运输。

反铲的开挖方式可以采用沟端开挖法，也可采用沟侧开挖法。

3. 抓铲挖掘机

它适用于开挖较松软的土。对施工面狭窄而深的基坑、深槽、深井，采用抓铲可取得理想效果。抓铲还可用于挖取水中淤泥、装卸碎石、矿渣等松散材料。新型的抓铲也有采用液压传动操纵抓斗作业。

抓铲挖土时，通常立于基坑一侧进行，对较宽的基坑，则在两侧或四侧抓土。抓挖淤泥时，抓斗易被淤泥"吸住"，应避免起吊用力过猛，以防翻车。

4. 拉铲挖掘机

拉铲适用于一至三类的土，可开挖停机面以下的土方，如较大基坑（槽）和沟渠，挖取水下泥土，也可用于填筑路基、堤坝等。

拉铲挖土时，依靠土斗自重及拉索拉力切土，卸土时斗齿朝下，利用惯性，较湿的黏土也能卸净。但其开挖的边坡及坑底平整度较差，需要更多的人工修坡（底）。

二、土方的填筑与压实

（一）土料的选用与处理

填方土料应符合设计要求，保证填方的强度与稳定性，选择的填料应为强度高、压缩性小、水稳定性好、便于施工的土、石料。如设计无要求时，应符合下列规定：

第一，碎石类土、砂土和爆破碎石（粒径不大于每层铺厚的 2/3）可用于表层下的填料。

第二，含水量符合压实要求的黏性土可为填土。在道路工程中，黏性土不是理想的路基填料，当用作路基填料时，必须充分压实并设有良好的排水设施。

第三，碎块草皮和有机质含量大于8%的土，仅用于无压实要求的填方。

第四，淤泥和淤泥质土，一般不能用作填料，但在软土或沼泽地区，经过处理，含水量符合压实要求，可用于填方中的次要部位。

第五，填土应严格控制含水量，施工前应进行检验。当土的含水量过大时，应采用翻松、晾晒、风干等方法降低含水量，或采用换土回填、均匀掺入干土或其他吸水材料、打石灰桩等措施；如含水量偏低，则可预先洒水湿润，否则难以压实。

（二）填土的方法

填土可采用人工填土和机械填土。

人工填土一般用手推车运土，人工用锹、耙、锄等工具进行填筑，从最低部分开始由一端向另一端自下而上分层铺填。

机械填土可用推土机、铲运机或自卸汽车进行。用自卸汽车填土，须用推土机推开推平，采用机械填土时，可利用行驶的机械进行部分压实工作。

填土应从低处开始，沿整个平面分层进行，并逐层压实。特别是机械填土，不得"居高临下"，不分层次，一次倾倒填土。

（三）压实方法

填土的压实方法有碾压、夯实和振动压实等。

1. 碾压

碾压适用于大面积填土工程。碾压机械有平碾（压路机）、羊足碾和气胎碾。羊足碾需要较大的牵引力而且只能用于压实黏性土，因在砂土中碾压时，土的颗粒受到"羊足"较大的单位压力后会向四面移动，而使土的结构破坏。气胎碾在工作时是弹性体，给土的压力较均匀，填土质量较好。应用最普遍的是刚性平碾。利用运土工具碾压土壤也可取得较大的密实度，但必须很好地组织土方施工，利用运土过程进行碾压。如果单独使用运土工具进行土壤压实工作，在经济上是不合理的，它的压实费用要比用平碾压实贵一倍左右。

2. 夯实

夯实主要用于小面积填土，可以夯实黏性土或非黏性土。夯实的优点是可以压实较厚的土层。夯实机械有夯锤、内燃夯土机和蛙式打夯机等。夯锤借助起重机提起并落下，其质量大于 1.5 t，落距为 2.5~4.5 m，夯土影响深度可超过 1 m，常用于夯实湿陷性黄土、杂填土以及含有石块的填土。内燃夯土机作用深度为 0.4~0.7 m，它和蛙式打夯机都是应用较广的夯实机械。人力夯土（木夯、石夯）方法则已很少使用。

3. 振动压实

振动压实主要用于压实非黏性土，采用的机械主要是振动压路机、平板振动器等。

（四）影响填土压实的因素

填土压实质量与许多因素有关，其中主要影响因素有压实功、土的含水量以及每层铺土厚度。

1. 压实功的影响

填土压实后的重度与压实机械在其上所施加的功有一定的关系。当土的含水量一定，在开始压实时，土的重度急剧增加，待到接近土的最大重度时，压实功虽然增加许多，而土的重度则没有变化。实际施工中，对不同的土，应根据选择的压实机械和密实度要求选择合理的压实遍数。此外，松土不宜用重型碾压机械直接滚压，否则土层有强烈起伏现象，效率不高。如果先用轻碾，再用重碾压实，就会取得较好效果。

2. 含水量的影响

在同一压实功条件下，填土的含水量对压实质量有直接影响。较为干燥的土，由于土颗粒之间的摩擦阻力较大而不易压实。当土具有适当含水量时，水起了润滑作用，土颗粒之间的摩擦阻力减小，从而易压实。但当含水量过大，土的孔隙被水占据，由于液体的不可压缩性，如土中的水无法排除，则难以将土压实。这在黏性土中尤为突出，含水量较高的黏性土压实时很容易形成"橡皮土"而无法压实。每种土壤都有其最佳含水量。土在这种含水量的条件下，使用同样的压实功进行压实，所得到的重度最大。各种土的最佳含水量和所能获得的最大干重度，可由试验获得。施工中，土的含水量与最佳含水量之差可控制在-4%~+2%范围内。

3. 铺土厚度的影响

土在压实功的作用下，压应力随深度增加而逐渐减小，其影响深度与压实机械、土的性质和含水量等有关。铺土厚度应小于压实机械压土时的有效作用深度，而且还应考虑最优土层厚度。铺得过厚，要压很多遍才能达到规定的密实度；铺得过薄，则要增加机械的总压实遍数。最优的铺土厚度应能使土方压实而机械的功耗费最少。

第二章　砌筑工程

第一节　脚手架及垂直运输设施

在建筑施工中，脚手架和垂直运输设施占有特别重要的地位。选择与使用的合适与否，不但直接影响施工作业的顺利和安全，而且也关系到工程质量、施工进度和企业经济效益。因而它是建筑施工技术措施中最重要的环节之一。

一、脚手架

脚手架是建筑施工中重要的临时设施，是在施工现场为安全防护、工人操作以及解决楼层间少量垂直和水平运输而搭设的支架。脚手架的种类很多：按其搭设位置分为外脚手架和里脚手架两大类；按其所用材料分为木脚手架、竹脚手架与金属脚手架；按其用途分为操作脚手架、防护用脚手架、承重和支撑用脚手架；按其构造形式分为多立杆式、框式、吊挂式、悬挑式、升降式以及用于楼层间操作的工具式脚手架等。

建筑施工脚手架应由架子工搭设，对脚手架的基本要求是：应满足工人操作、材料堆置和运输的需要；坚固稳定，安全可靠；搭拆简单，搬移方便；尽量节约材料，能多次周转使用。脚手架的宽度一般为 1.5~2.01m，砌筑用脚手架的每步架高度一般为 1.2~1.4 m，装饰用脚手架的一步架高一般为 1.6~1.8 m。

（一）外脚手架

外脚手架沿建筑物外围从地面搭起，既可用于外墙砌筑，又可用于外装饰施工。其主要形式有多立杆式、框式、桥式等。多立杆式应用最广，框式次之。

1. 多立杆式脚手架

（1）基本组成和一般构造

多立杆式脚手架主要由立杆、纵向水平杆（大横杆）、横向水平杆（小横杆）、斜撑、脚手板等组成。其特点是每步架高可根据施工需要灵活布置，取材方便，钢、竹、木等均可应用。

多立杆式脚手架分双排式和单排式两种形式。双排式沿墙外侧设两排立杆，小横杆两端支承在内外两排立杆上，多、高层房屋均可采用，当房屋高度超过 50 m 时，需要专门设计。单排式沿墙外侧仅设一排立杆，其小横杆一端与大横杆连接，另一端支承在墙上，仅适用于荷载较小，高度较低，墙体有一定强度的多层房屋。

早期的多立杆式外脚手架主要是采用竹、木杆件搭设而成，后来逐渐采用钢管和特制的扣件来搭设。这种多立杆式钢管外脚手有扣件式和碗扣式两种。

钢管扣件式脚手架由钢管和扣件组成。

采用扣件连接，既牢固又便于装拆，可以重复周转使用，因而应用广泛。这种脚手架在纵向外侧每隔一定距离须设置斜撑，以加强其纵向稳定性和整体性。另外，为了防止整片脚手架外倾和抵抗风力，整片脚手架还须均匀设置连墙杆，将脚手架与建筑物主体结构相连，依靠建筑物的刚度来加强脚手架的整体稳定性。

碗扣式钢管脚手架立杆与水平杆靠特制的碗扣接头连接。

碗扣分上碗扣和下碗扣，下碗扣焊在钢管上，上碗扣对应地套在钢管上，其销槽对准焊在钢管上的限位销即能上下滑动。连接时，只需将横杆接头插入下碗扣内，将上碗扣沿限位销扣下，并顺时针旋转，靠上碗扣螺旋面使之与限位销顶紧，从而将横杆和立杆牢固地连在一起，形成框架结构。碗扣式接头可同时连接 4 根横杆，横杆可相互垂直亦可组成其他角度，因而可以搭设各种形式脚手架，特别适合于搭设扇形表面及高层建筑施工和装修作用两用外脚手架，还可作为模板的支撑。

（2）承力结构

脚手架的承力结构主要指作业层、横向构架和纵向构架三部分。

作业层是直接承受施工荷载，荷载由脚手板传给小横杆，再传给大横杆和立柱。

横向构架由立杆和小横杆组成，是脚手架直接承受和传递垂直荷载的部分。它是脚手架的受力主体。

纵向构架是由各横向构架通过大横杆相互之间连成的一个整体。它应沿房屋的周围形成一个连续封闭的结构，所以房屋四周脚手架的大横杆在房屋转角处要相互交圈，并确保连续。实在不能交圈时，脚手架的端头应采取有效措施来加强其整体性。常用的措施是设置抗侧力构件、加强与主体结构的拉结等。

（3）支撑体系

脚手架的支撑体系包括纵向支撑（剪刀撑）、横向支撑和水平支撑。这些支撑应与脚手架这一空间构架的基本构件很好连接。设置支撑体系的目的是使脚手架成为一个几何稳定的构架，加强其整体刚度，以增大抵抗侧向力的能力，避免出现节点的可变状态和过大的位移。

①纵向支撑（剪刀撑）

纵向支撑是指沿脚手架纵向外侧隔一定距离由下而上连续设置的剪刀撑。具体布置如下：

第一，脚手架高度在25 m以下时，在脚手架两端和转角处必须设置，中间每隔12～15 m设一道，且每片架子不少于3道。剪刀撑宽度宜取3～5倍立杆纵距，斜杆与地面夹角宜在45°～60°内，最下面的斜杆与立杆的连接点离地面不宜大于500 mm。

第二，脚手架高度在25～50 m时，除沿纵向每隔12～15m自下而上连续设置一道剪刀撑外，在相邻两排剪刀撑之间，尚须沿高度每隔10～15m加设一道沿纵向通长的剪刀撑。

第三，对高度大于50 m的高层脚手架，应沿脚手架全长和全高连续设置剪刀撑。

②横向支撑

横向支撑是指在横向构架内从底到顶沿全高呈之字形设置的连续的斜撑。具体设置要求如下：

第一，脚手架的纵向构架因条件限制不能形成封闭形。如"一"字形、"I"形或"凹"字形的脚手架，其两端必须设置横向支撑，并于中间每隔6个间距加设一道横向支撑。

第二，脚手架高度超过25 m时，每隔6个间距要设置横向支撑一道。

③水平支撑

水平支撑是指在设置连墙拉结杆件的所在水平面内连续设置的水平斜杆。一般可根据需要设置，如在承力较大的结构脚手架中或在承受偏心荷载较大的承托架、防护棚、悬挑水平安全网等部位设置，以加强其水平刚度。

（4）抛撑和连墙杆

脚手架由于其横向构架本身是一个高跨比相差悬殊的单跨结构，仅依靠结构本身尚难以做到保持结构的整体稳定，防止倾覆和抵抗风力。对于高度低于3步的脚手架，可以采用加设抛撑来防止其倾覆，抛撑的间距不超过6倍立杆间距，抛撑与地面的夹角为45°～60°，并应在地面支点处铺设垫板。对于高度超过3步的脚手架防止倾斜和倒塌的主要措施是将脚手架整体依附在整体刚度很大的主体结构上，依靠房屋结构的整体刚度来加强和保证整片脚手架的稳定性。其具体做法是在脚手架上均匀地设置足够多的牢固的连墙点。

连墙点的位置应设置在与立杆和大横杆相交的节点处，离节点的间距不宜大于300 mm。

设置一定数量的连墙杆后，整片脚手架的倾覆破坏一般不会发生。但要求与连墙杆连接一端的墙体本身要有足够的刚度，所以连墙杆在水平方向应设置在框架梁或楼板附近，竖直方向应设置在框架柱或横隔墙附近。连墙杆在房屋的每层范围均需布置一排，一般竖向间距为脚手架步高的 2~4 倍，不宜超过 4 倍，且绝对值在 3~4m 内；横向间距宜选用立杆纵距的 3~4 倍，不宜超过 4 倍，且绝对值在 4.5~6.0 m 内。

（5）搭设要求

脚手架搭设时应注意地基平整坚实，设置底座和垫板，并有可靠的排水措施，防止积水浸泡地基引起不均匀沉陷。杆件应按设计方案进行搭设，并注意搭设顺序，扣件拧紧程度应适度，一般扭力矩应为 40~60kN·m。禁止使用规格和质量不合格的杆配件。相邻立柱的对接扣件不得在同一高度，应随时校正杆件的垂直和水平偏差。脚手架处于顶层连墙点之上的自由高度不得大于 6 m。当作业层高出其下连墙件 2 步或 4 m 以上，且其上方无连墙件时，应采取适当的临时撑拉措施。脚手板或其他作业层铺板的铺设应符合有关规定。

2. 框式脚手架

（1）基本组成

框式脚手架也称为门式脚手架，是当今国际上应用最普遍的脚手架之一。它不仅可作为外脚手架，而且可作为内脚手架或满堂脚手架。框式脚手架由门式框架、剪刀撑、水平梁架、螺旋基脚组成基本单元，将基本单元相互连接并增加梯子、栏杆及脚手板等即形成脚手架。

（2）搭设要求

框式脚手架是一种工厂生产、现场搭设的脚手架，一般只要按产品目录所列的使用荷载和搭设规定进行施工，不必再进行验算。如果实际使用情况与规定有出入，应采取相应的加固措施或进行验算。通常框式脚手架搭设高度限制在 45 m 以内，采取一定措施后达到 80 m 左右。施工荷载一般为：均布荷载 1.8 kN/m²，或作用于脚手架板跨中的集中荷载 2 kN。

搭设框式脚手架时，基底必须夯实找平，并铺可调底座，以免发生塌陷和不均匀沉降。要严格控制第一步门式框架垂直度偏差不大于 2 mm，门架顶部的水平偏差不大于 5 mm。门架的顶部和底部用纵向水平杆和扫地杆固定。门架之间必需设置剪刀撑和水平梁架（或脚手板），其间连接应可靠，以确保脚手架的整体刚度。

（二）里脚手架

里脚手架搭设于建筑物内部，每砌完一层墙后，即将其转移到上一层楼面，进行新的一层砌体砌筑，它可用于内外墙的砌筑和室内装饰施工。里脚手架用料少，但装拆频繁，故要求轻便灵活，装拆方便。其结构形式有折叠式、支柱式和门架式等多种。

1. 折叠式

折叠式里脚手架适用于民用建筑的内墙砌筑和内粉刷，也可用于砖围墙、砖平房的外墙砌筑和粉刷。根据材料不同，分为角钢、钢管和钢筋折叠式里脚手架。

2. 支柱式

支柱式里脚手架由若干个支柱和横杆组成。适用于砌墙和内粉刷。其搭设间距，砌墙时不超过 2 m，粉刷时不超过 2.5 m。支柱式里脚手架的支柱有套管式和承插两种形式。

（三）其他几种脚手架简介

1. 木、竹脚手架

各种先进金属脚手架的迅速推广，使传统木、竹脚手架的应用减少，但在我国南方地区和广大乡镇地区仍时常采用木、竹脚手架。木、竹脚手架是由木杆或竹竿用铅丝、棕绳或竹篾绑扎而成。木杆常用剥皮杉杆，缺乏杉杆时，也可用其他坚韧质轻的木料。竹竿应用生长 3 年以上的毛竹。

2. 悬挑式脚手架

悬挑式脚手架简称挑架。搭设在建筑物外边缘向外伸出的悬挑结构上，将脚手架荷载全部或部分传递给建筑结构。悬挑支承结构有用型钢焊接制作的三角桁架下撑式结构以及用钢丝绳斜拉住水平型钢挑梁的斜拉式结构两种主要形式。在悬挑结构上搭设的双排外脚手架与落地式脚手架相同，分段悬挑脚手架的高度一般控制在 25 m 以内。该形式的脚手架适用于高层建筑的施工。由于脚手架系沿建筑物高度分段搭设，故在一定条件下，当上层还在施工时，其下层即可提前交付使用；而对于有裙房的高层建筑，则可使裙房与主楼不受外脚手架的影响，同时展开施工。

3. 吊挂式脚手架

吊挂式脚手架在主体结构施工阶段为外挂脚手架，随主体结构逐层向上施工，用塔吊吊升，悬挂在结构上。在装饰施工阶段，该脚手架改为从屋顶吊挂，逐层下降。吊挂式脚手架的吊升单元（吊篮架子）宽度宜控制在 5~6 m。该形式的脚手架适用于高层框架和剪力墙结构施工。

4. 升降式脚手架

升降式脚手架简称爬架。它是将自身分为两大部件，分别依附固定在建筑结构上。在主体结构施工阶段，升降式脚手架利用自身带有的升降机构和升降动力设备，使两个部件互为利用，交替松开、固定，交替爬升，其爬升原理同爬升模板。在装饰施工阶段，交替下降。该形式的脚手架搭设高度为 3~4 个楼层，不占用塔吊，相对落地式外脚手架，省材料、省人工，适用于高层框架、剪力墙和筒体结构的快速施工。

（四）脚手架的安全防护措施

在房屋建筑施工过程中因脚手架出现事故的概率相当高，所以在脚手架的设计、架设、使用和拆卸中均须十分重视安全防护问题。

当外墙砌筑高度超过 4 m 或立体交叉作业时，除在作业面正确铺设脚手板和安装防护栏杆与挡脚板外，还必须在脚手架外侧设置安全网。架设安全网时，其伸出宽度应不小于 2m，外口要高于内口，搭接应牢固，每隔一定距离应用拉绳将斜杆与地面锚桩拉牢。

当用里脚手架施工外墙或多层、高层建筑用外脚手架时，均需设置安全网。安全网应随楼层施工进度逐步上升，高层建筑除这一道逐步上升的安全网外，尚应在下面间隔 3~4 层的部位设置一道安全网。施工过程中要经常对安全网进行检查和维修，每块支好的安全网应能承受不小于 1.6 kN 的冲击荷载。

钢脚手架不得搭设在距离 35 kV 以上的高压线路 4.5 m 以内的地区和距离 1~10 kV 高压线路 3 m 以内的地区。钢脚手架在架设和使用期间，要严防与带电体接触，需要穿过或靠近 380 V 以内的电力线路，距离在 2m 以内时，则应断电或拆除电源，如不能拆除，应采取可靠的绝缘措施。

搭设在旷野、山坡上的钢脚手架，如在雷击区域或雷雨季节时，应设避雷装置。

二、垂直运输设施

垂直运输设施指在建筑施工中担负垂直输送材料和人员上下的机械设备和设施。砌筑工程中的垂直运输量很大，不仅要运输大量的砖（或砌块）、砂浆，还要运输脚手架、脚手板和各种预制构件，因而如何合理安排垂直运输就直接影响到砌筑工程的施工速度和工程成本。

（一）垂直运输设施的种类

目前，砌筑工程中常用的垂直运输设施有塔式起重机、井架、龙门架、施工电梯、灰浆泵等。

1. 塔式起重机

塔式起重机具有提升、回转、水平运输等功能，不仅是重要的吊装设备，而且也是重要的垂直运输设备，尤其在吊运长、大、重的物料时有明显的优势，故在可能条件下宜优先选用。

2. 井架、龙门架

井架是施工中最常用的，也是最为简便的垂直运输设施。它的稳定性好、运输量大，除用型钢或钢管加工的定型井架之外，还可用脚手架材料搭设而成。井架多为单孔井架，但也可构成两孔或多孔井架。井架通常带一个起重臂和吊盘。起重臂起重能力为 5～10 kN，在其外伸工作范围内也可做小距离的水平运输。吊盘起重量为 10～15 kN，其中可放置运料的手推车或其他散装材料。搭设高度可达 40 m，须设缆风绳保持井架的稳定。

龙门架是由两根三角形截面或矩形截面的立柱及天轮梁（横梁）组成的门式架。在龙门架上设滑轮、导轨、吊盘、缆风绳等，进行材料、机具和小型预制构件的垂直运输。龙门架构造简单、制作容易、用材少、装拆方便，但刚度和稳定性较差，一般适用于中小型工程。

3. 施工电梯

多数施工电梯为人货两用，少数为供货用。电梯按其驱动方式可分为齿条驱动和绳轮驱动两种。齿条驱动电梯又有单吊箱（笼）式和双吊箱（笼）式两种，并装有可靠的限速装置，适用于 20 层以上建筑工程使用；绳轮驱动电梯为单吊箱（笼），无限速装置，轻巧便宜，适于 20 层以下建筑工程使用。

4. 灰浆泵

灰浆泵是一种可以在垂直和水平两个方向连续输送灰浆的机械，目前常用的有活塞式和挤压式两种。活塞式灰浆泵按其结构又分为直接作用式和隔膜式两类。

（二）垂直运输设施的设置要求

垂直运输设施的设置一般应根据现场施工条件满足以下一些基本要求。

1. 覆盖面和供应面

塔吊的覆盖面是指以塔吊的起重幅度为半径的圆形吊运覆盖面积。垂直运输设施的供应面是指借助于水平运输手段（手推车等）所能达到的供应范围。建筑工程全部的作业面应处于垂直运输设施的覆盖面和供应面的范围之内。

2. 供应能力

塔吊的供应能力等于吊次乘以吊量（每次吊运材料的体积、重量或件数），其他垂直运输设施的供应能力等于运次乘以运量，运次应取垂直运输设施和与其配合的水平运输机具中的低值。另外，还须乘以 0.5～0.75 的折减系数，以考虑由于难以避免的因素对供应能力的影响（如机械设备故障等），垂直运输设备的供应能力应能满足高峰工作量的需要。

3. 提升高度

设备的提升高度能力应比实际需要的升运高度高，其高出程度不少于 3 m，以确保安全。

4. 水平运输手段

在考虑垂直运输设施时，必须同时考虑与其配合的水平运输手段。

5. 装设条件

垂直运输设施装设的位置应具有相适应的装设条件，如具有可靠的基础、与结构拉结和水平运输通道条件等。

6. 设备效能的发挥

必须同时考虑满足施工需要和充分发挥设备效能的问题：当各施工阶段的垂直运输量相差悬殊时，应分阶段设置和调整垂直运输设备，及时拆除已不需要的设备。

7. 设备拥有的条件和今后利用的问题

充分利用现有设备，必要时添置或加工新的设备。在添置或加工新的设备时应考虑今后利用的前景。

8. 安全保障

安全保障是使用垂直运输设施中的首要问题，必须引起高度重视。所有垂直运输设备都要严格按有关规定操作使用。

第二节　砌体施工的准备工作

一、砂浆的制备

砂浆按组成材料的不同大致可分为水泥砂浆、混合砂浆两类。

（一）水泥砂浆

用水泥和砂拌和成的水泥砂浆具有较高的强度和耐久性，但和易性差。其多用于高强度和潮湿环境的砌体中。

（二）混合砂浆

在水泥砂浆中掺入一定数量的石灰膏或黏土膏的水泥混合砂浆具有一定的强度和耐久

性，且和易性和保水性好。其多用于一般墙体中。

砂浆的配合比应事先通过计算和试配确定。水泥砂浆的最小水泥用量不宜小于 200 kg/m³。砂浆用砂宜采用中砂。砂中的含泥量，对于水泥砂浆和强度等级不小于 M5 的水泥混合砂浆，不宜超过 5%。对于强度等级小于 M5 的水泥混合砂浆，不应超过 10%。用块状生石灰熟化成石灰膏时，其熟化时间不得少于 7 d。用黏土或粉质黏土制备黏土膏，应过筛，并用搅拌机加水搅拌。为了改善砂浆在砌筑时的和易性，可掺入适量的有机塑化剂，其掺量一般为水泥用量的 (0.5~1) /100 000。

砂浆应采用机械拌和，自投完料算起，水泥砂浆和水泥混合砂浆的拌和时间不得少于 2 min；水泥粉煤灰砂浆和掺用外加剂的砂浆不得少于 3 min；掺用有机塑化剂的砂浆为 3~5 min。拌成后的砂浆，其稠度应符合规定；分层度不应大于 30 mm；颜色一致。砂浆拌成后应盛入贮灰器中，如砂浆出现泌水现象，应在砌筑前再次拌和。砂浆应随拌随用。水泥砂浆和水泥混合砂浆必须分别在拌成 3 h 和 4 h 内使用完毕；若施工期间最高气温超过 30℃时，必须分别在拌成后 2h 和 3h 内使用完毕。

砂浆强度等级以标准养护［温度为 (20±5)℃ 及正常湿度条件下的室内不通风处养护］龄期为 28d 的试块抗压强度为准。砌筑砂浆强度等级分为 M15、M10、M7.5、M5、M2.5 五个等级，各强度等级相应的抗压强度值应符合规定。砂浆试块应在搅拌机出料口随机取样制作。每一检验批且不超过 250 m³ 砌体的各种类型及强度等级的砌筑砂浆，每台搅拌机应至少抽验一次。

二、砖的准备

砖的品种、强度等级必须符合设计要求，并应规格一致。用于清水墙、柱表面的砖，应边角整齐、色泽均匀。在砌砖前应提前 1~2d 将砖堆浇水湿润，以使砂浆和砖能很好地黏结。严禁砌筑前临时浇水，以免因砖表面存有水膜而影响砌体质量。烧结普通砖、多孔砖的含水率宜为 10%~15%，灰砂砖、粉煤灰砖的含水率宜为 8%~12%。检查含水率的最简易方法是现场断砖，砖截面周围融水深度达 15~20 mm 即视为符合要求。

三、施工机具的准备

砌筑前，一般应按施工组织设计要求组织垂直和水平运输机械。砂浆搅拌机械进场、安装、调试等工作。垂直运输多采用扣件及钢管搭设的井架，或人货两用施工电梯，或塔式起重机，而水平运输多采用手推车或机动翻斗车。对多高层建筑，还可以用灰浆泵输送砂浆。同时，还要准备脚手架、砌筑工具（如皮数杆、托线板）等。

第三节 砌筑工程的类型与施工

一、砌体的一般要求

砌体可分为：砖砌体，主要有墙和柱；砌块砌体，多用于定型设计的民用房屋及工业厂房的墙体；石材砌体，多用于带形基础、挡土墙及某些墙体结构；配筋砌体，在砌体水平灰缝中配置钢筋网片或在墙体外部的预留沟槽内设置竖向粗钢筋的组合砌体。

砌体除应采用符合质量要求的原材料外，还必须有良好的砌筑质量，以使砌体有良好的整体性、稳定性和良好的受力性能，一般要求灰缝横平竖直，砂浆饱满，厚薄均匀，砌块应上下错缝，内外搭砌，接槎牢固，墙面垂直；要预防不均匀沉降引起开裂；要注意施工中墙、柱的稳定性；冬期施工时还要采取相应的措施。

二、毛石基础与砖基础砌筑

（一）毛石基础

1. 毛石基础构造

毛石基础是用毛石与水泥砂浆或水泥混合砂浆砌成。所用毛石应质地坚硬、无裂纹，强度等级一般为 MU20 以上，砂浆宜用水泥砂浆，强度等级应不低于 M5。

毛石基础可做墙下条形基础或柱下独立基础。按其断面形状有矩形、阶梯形和梯形等。基础顶面宽度比墙基底面宽度要大于 200 mm；基础底面宽度依设计计算而定。梯形基础坡角应大于 60°。阶梯形基础每阶高不小于 300 mm，每阶挑出宽度不大于 200 mm。

2. 毛石基础施工要点

（1）基础砌筑前，应先行验槽并将表面的浮土和垃圾清除干净。

（2）放出基础轴线及边线，其允许偏差应符合规范规定。

（3）毛石基础砌筑时，第一皮石块应坐浆，并大面向下；料石基础的第一皮石块应丁砌并坐浆。砌体应分皮卧砌，上下错缝，内外搭砌，不得采用先砌外面石块后中间填心的砌筑方法。

（4）石砌体的灰缝厚度：毛料石和粗料石砌体不宜大于 20mm，细料石砌体不宜大于 5 mm。石块间较大的孔隙应先填塞砂浆后用碎石嵌实，不得采用先放碎石块后灌浆或干填碎石块的方法。

（5）为增加整体性和稳定性，应按规定设置拉结石。

（6）毛石基础的最上一皮及转角处、交接处和洞口处，应选用较大的平毛石砌筑。有高低台的毛石基础，应从低处砌起，并由高台向低台搭接，搭接长度不小于基础高度。

（7）阶梯形毛石基础，上阶的石块应至少压砌下阶石块的1/2，相邻阶梯毛石应相互错缝搭接。

（8）毛石基础的转角处和交接处应同时砌筑。如不能同时砌筑又必须留槎时，应砌成斜槎。基础每天可砌高度应不超过1.2 m。

（二）砖基础

1. 砖基础构造

砖基础下部通常扩大，称为大放脚。大放脚有等高式和不等高式两种。等高式大放脚是两皮一收，即每砌两皮砖，两边各收进1/4砖长；不等高式大放脚是两皮一收与一皮一收相间隔，即砌两皮砖，收进1/4砖长，再砌一皮砖，收进1/4砖长，如此往复。在相同底宽的情况下，后者可减小基础高度，但为保证基础的强度，底层需要用两皮一收砌筑。大放脚的底宽应根据计算而定，各层大放脚的宽度应为半砖长的整倍数（包括灰缝）。

在大放脚下面为基础地基，地基一般用灰土、碎砖三合土或混凝土等。在墙基顶面应设防潮层，防潮层宜用1:2.5水泥砂浆加适量的防水剂铺设，其厚度一般为20 mm，位置在底层室内地面以下一皮砖处，即离底层室内地面下60 mm处。

2. 砖基础施工要点

（1）砌筑前，应将地基表面的浮土及垃圾清除干净。

（2）基础施工前，应在主要轴线部位设置引桩，以控制基础、墙身的轴线位置，并从中引出墙身轴线，而后向两边放出大放脚的底边线。在地基转角、交接及高低踏步处预先立好基础皮数杆。

（3）砌筑时，可依皮数杆先在转角及交接处砌几皮砖，然后在其间拉准线砌中间部分。内外墙砖基础应同时砌起，如不能同时砌筑时应留置斜槎，斜槎长度不应小于斜槎高度。

（4）基础底标高不同时，应从低处砌起，并由高处向低处搭接。如设计无要求，搭接长度不应小于大放脚的高度。

（5）大放脚部分一般采用一顺一丁砌筑形式。水平灰缝及竖向灰缝的宽度应控制在10 mm左右，水平灰缝的砂浆饱满度不得小于80%，竖缝要错开。要注意丁字及十字接头处砖块的搭接，在这些交接处，纵横墙要隔皮砌通。大放脚的最下一皮及每层的最上一皮应以丁砌为主。

（6）基础砌完验收合格后，应及时回填。回填土要在基础两侧同时进行，并分层夯实。

三、砖墙砌筑

（一）砌筑形式

普通砖墙的砌筑形式主要有五种：一顺一丁、三顺一丁、梅花丁、两平一侧和全顺式。

1. 一顺一丁

一顺一丁是一皮全部顺砖与一皮全部丁砖间隔砌成。上下皮竖缝相互错开1/4砖长。这种砌法效率较高，适用于砌一砖、一砖半及二砖墙。

2. 三顺一丁

三顺一丁是三皮全部顺砖与一皮全部丁砖间隔砌成。上下皮顺砖间竖缝错开1/2砖长；上下皮顺砖与丁砖间竖缝错开1/4砖长。这种砌法因顺砖较多，效率较高，适用于砌一砖、一砖半墙。

3. 梅花丁

梅花丁是每皮中丁砖与顺砖相隔，上皮丁砖坐中于下皮顺砖，上下皮间竖缝相互错开1/4砖长。这种砌法内外竖缝每皮都能避开，故整体性较好，灰缝整齐，比较美观，但砌筑效率较低。适用于砌一砖及一砖半墙。

4. 两平一侧

两平一侧采用两皮平砌砖与一皮侧砌的顺砖相隔砌成。当墙厚为3/4砖时，平砌砖均为顺砖，上下皮平砌顺砖间竖缝相互错开1/2砖长；上下皮平砌顺砖与侧砌顺砖间竖缝相互错开1/2砖长。当墙厚为1砖长时，上下皮平砌顺砖与侧砌顺砖间竖缝相互错开1/2砖长；上下皮平砌丁砖与侧砌顺砖间竖缝相互错开1/4砖长。这种形式适合于砌筑3/4砖墙及1砖墙。

5. 全顺式

全顺式是各皮砖均为顺砖，上下皮竖缝相互错开1/2砖长。这种形式仅使用于砌半砖墙。为了使砖墙的转角处各皮间竖缝相互错开，必须在外角处砌七分头砖（3/4砖长）。当采用一顺一丁组砌时，七分头的顺面方向依次砌顺砖，丁面方向依次砌丁砖。

砖墙的丁字接头处，应分皮相互砌通，内角相交处竖缝应错开 1/4 砖长，并在横墙端头处加砌七分头砖。

砖墙的十字接头处，应分皮相互砌通，交角处的竖缝应相互错开 1/4 砖长。

（二）砌筑工艺

砖墙的砌筑一般有抄平、放线、摆砖、立皮数杆、盘角、挂线、砌筑、勾缝、清理等工序。

1. 抄平、放线

砌墙前先在基础防潮层或楼面上定出各层标高，并用水泥砂浆或 C10 细石混凝土找平，然后根据龙门板上标志的轴线，弹出墙身轴线、边线及门窗洞口位置。二楼以上墙的轴线可以用经纬仪或垂球将轴线引测上去。

2. 摆砖

摆砖，又称摆脚，是指在放线的基面上按选定的组砌方式用干砖试摆。目的是校对所放出的墨线在门窗洞口、附墙垛等处是否符合砖的模数，以尽可能减少砍砖，并使砌体灰缝均匀，组砌得当。一般在房屋纵墙方向摆顺砖，在山墙方向摆丁砖，摆砖由一个大角摆到另一个大角，砖与砖留 10 mm 缝隙。

3. 立皮数杆

皮数杆是指在其上划有每皮砖和灰缝厚度，以及门窗洞口、过梁、楼板等高度位置的一种木制标杆。砌筑时用来控制墙体竖向尺寸及各部位构件的竖向标高，并保证灰缝厚度的均匀性。

皮数杆一般设置在房屋的四大角以及纵横墙的交接处，如墙面过长时，应每隔 10～15m 立一根。皮数杆须用水平仪统一竖立，使皮数杆上的 ±0.00 与建筑物的 ±0.00 相吻合，以后就可以向上接皮数杆。

4. 盘角、挂线

墙角是控制墙面横平竖直的主要依据，所以，一般砌筑时应先砌墙角，墙角砖层高度必须与皮数杆相符合，做到"三皮一吊，五皮一靠"。墙角必须双向垂直。

墙角砌好后，即可挂小线，作为砌筑中间墙体的依据，以保证墙面平整，一般一砖墙、一砖半墙可用单面挂线，一砖半墙以上则应用双面挂线。

5. 砌筑、勾缝

砌筑操作方法各地不一，但应保证砌筑质量要求。通常采用"三一砌砖法"，即一块砖、一铲灰、一揉压，并随手将挤出的砂浆刮去的砌筑方法。这种砌法的优点是灰缝容易饱满、黏结力好、墙面整洁。

勾缝是砌清水墙的最后一道工序，可以用砂浆随砌随勾缝，叫作原浆勾缝；也可砌完墙后再用 1∶1.5 水泥砂浆或加色砂浆勾缝，称为加浆勾缝。勾缝具有保护墙面和增加墙面美观的作用，为了确保勾缝质量，勾缝前应清除墙面黏结的砂浆和杂物，并洒水润湿，在砌完墙后，应画出的灰槽、灰缝可勾成凹、平、斜或凸形状。勾缝完后尚应清扫墙面。

（三）施工要点

1. 全部砖墙应平行砌齐，砖层必须水平，砖层正确位置用皮数杆控制，基础和每楼层砌完后必须校对一次水平、轴线和标高，在允许偏差范围内，其偏差值应在基础或楼板顶面调整。

2. 砖墙的水平灰缝和竖向灰缝宽度一般为 10 mm，但不小于 8 mm，也不应大于 12 mm。水平灰缝的砂浆饱满度不得低于 80%，竖向灰缝宜采用挤浆或加浆方法，使其砂浆饱满，严禁用水冲浆灌缝。

3. 砖墙的转角处和交接处应同时砌筑。对不能同时砌筑而又必须留槎时，应砌成斜槎，斜槎长度不应小于高度的 2/3。非抗震设防及抗震设防烈度为 6 度、7 度地区的临时间断处，当不能留斜槎时，除转角处外，可留直槎，但必须做成凸槎，并加设拉结筋。拉结筋的数量为每 120 mm 墙厚放置 φ6 拉结钢筋（120 mm 厚墙放置 2 根 φ6 拉结钢筋），间距沿墙高不应超过 500 mm，埋入长度从留槎处算起每边均不应小于 500 mm，对抗震设防烈度为 6 度、7 度的地区，不应小于 1 000 mm，末端应有 90° 弯钩。抗震设防地区不得留直槎。

4. 砖墙接槎时，必须将接槎处的表面清理干净，浇水润湿，并应填实砂浆，保持灰缝平直。

5. 每层承重墙的最上一皮砖、梁或梁垫的下面及挑檐、腰线等处，应是整砖丁砌。填充墙砌至接近梁、板底时，应留一定空隙，待填充墙砌筑完并应至少间隔 7d 后，再将其补砌挤紧。

6. 砖墙中留置临时施工洞口时，其侧边离交接处的墙面不应小于 500 mm，洞口净宽度不应超过 1 m。

7. 砖墙相邻工作段的高度差，不得超过一个楼层的高度，也不宜大于 4m。工作段的分段位置应设在伸缩缝、沉降缝、防震缝或门窗洞口处。砖墙临时间断处的高度差，不得超过一步脚手架的高度。砖墙每天砌筑高度以不超过 1.8 m 为宜。

8. 在下列墙体或部位中不得留设脚手眼：

（1）120 mm 厚墙、料石清水墙和独立柱。

（2）过梁上与过梁成 60°角的三角形范围及过梁净跨度 1/2 的高度范围内。

（3）宽度小于 1m 的窗间墙。

（4）砌体门窗洞口两侧 200 mm（石砌体为 300 mm）和转角处 450 mm（石砌体为 600 mm）范围内。

（5）梁或梁垫下及其左右 500 mm 范围内。

（6）设计不允许设置脚手眼的部位。

四、配筋砌体

配筋砌体是由配置钢筋的砌体作为建筑物主要受力构件的结构。配筋砌体有网状配筋砌体柱、水平配筋砌体墙、砖砌体和钢筋混凝土面层或钢筋砂浆面层组合砌体柱（墙）、砖砌体和钢筋混凝土构造柱组合墙和配筋砌块砌体剪力墙。

（一）配筋砌体的构造要求

配筋砌体的基本构造与砖砌体相同，不再赘述。下面主要介绍构造的不同点：

1. 砖柱（墙）网状配筋的构造

砖柱（墙）网状配筋，是在砖柱（墙）的水平灰缝中配有钢筋网片。钢筋上、下保护层厚度不应小于 2 mm。所用砖的强度等级不低于 MU10，砂浆的强度等级不应低于 M7.5，采用钢筋网片时，宜采用焊接网片，钢筋直径宜采用 3～4mm；钢筋网中的钢筋的间距不应大于 120 mm，并不应小于 30 mm；钢筋网片竖向间距，不应大于五皮砖，并不应大于 400 mm。

2. 组合砖砌体的构造

组合砖砌体是指砖砌体和钢筋混凝土面层或钢筋砂浆面层的组合砌体构件，有组合砖柱、组合砖壁柱和组合砖墙等。

组合砖砌体构件的构造为：面层混凝土强度等级宜采用 C20。面层水泥砂浆强度等级不宜低于 M10，砖强度等级不宜低于 MU10，砌筑砂浆的强度等级不宜低于 M7.5。砂浆面层厚度宜采用 30～45 mm，当面层厚度大于 45 mm 时，其面层宜采用混凝土。

3. 砖砌体和钢筋混凝土构造柱组合墙

组合墙砌体宜用强度等级不低于 MU7.5 的普通砌墙砖与强度等级不低于 M5 的砂浆砌筑。

构造柱截面尺寸不宜小于 240 mm×240 mm，其厚度不应小于墙厚。砖砌体与构造柱的连接处应砌成马牙槎。并应沿墙高每隔 500 mm 设 2 根 φ6 拉结钢筋，且每边伸入墙内不宜小于 600 mm。柱内竖向受力钢筋，一般采用 HPB235 级钢筋，对于中柱，不宜少于 4 根 φ12；对于边柱不宜少于 4 根 φ14，其箍筋一般采用 φ6@200 mm，楼层上下 500 mm 范围内宜采用 φ6@100 mm，构造柱竖向受力钢筋应在基础梁和楼层圈梁中锚固。

组合砖墙的施工程序应先砌墙后浇混凝土构造桩。

4. 配筋砌块砌体构造要求

砌块强度等级不应低于 MU10；砌筑砂浆不应低于 M7.5；灌孔混凝土不应低于 C20。配筋砌块砌体柱边长不宜小于 400 mm；配筋砌块砌体剪力墙厚度连梁宽度不应小于 190 mm。

（二）配筋砌体的施工工艺

配筋砌体施工工艺的弹线、找平、排砖揭底、墙体盘角、选砖、立皮数杆、挂线、留槎等施工工艺与普通砖砌体要求相同，下面主要介绍其不同点：

1. 砌砖及放置水平钢筋

砌砖宜采用"三一砌砖法"，即"一块砖、一铲灰、一揉压"，水平灰缝厚度和竖直灰缝宽度一般为 10 mm，但不应小于 8 mm，也不应大于 12 mm。砖墙（柱）的砌筑应达到上下错缝、内外搭砌、灰缝饱满、横平竖直的要求。皮数杆上要标明钢筋网片、箍筋或拉结筋的位置，钢筋安装完毕，并经隐蔽工程验收后方可砌上层砖，同时要保证钢筋上下至少各有 2 mm 保护层。

2. 砂浆（混凝土）面层施工

组合砖砌体面层施工前，应清除面层底部的杂物，并浇水湿润砖砌体表面。砂浆面层施工从下而上分层施工，一般应两次涂抹，第一次是刮底；使受力钢筋与砖砌体有一定保护层；第二次是抹面，使面层表面平整。混凝土面层施工应支设模板，每次支设高度一般为 50~60cm，并分层浇筑，振捣密实，待混凝土强度达到 30% 以上才能拆除模板。

3. 构造柱施工

构造柱竖向受力钢筋，底层锚固在基础梁上，锚固长度不应小于 35d（d 为竖向钢筋直径），并保证位置正确。受力钢筋接长，可采用绑扎接头，搭接长度为 35d，绑扎接头处箍筋间距不应大于 208 mm。楼层上下 500 mm 范围内箍筋间距宜为 100 mm。砖砌体与构造柱连接处应砌成马牙槎，从每层柱脚开始，先退后进，每一马牙槎沿高度方向的尺寸不宜超过 300 mm，并沿墙高每隔 500 mm 设 2 根 φ6 拉结钢筋，且每边伸入墙内不宜小于

1 m；预留的拉结钢筋应位置正确，施工中不得任意弯折。浇筑构造柱混凝土之前，必须将砖墙和模板浇水湿润（若为钢模板，不浇水，刷隔离剂），并将模板内落地灰、砖渣和其他杂物清理干净。浇筑混凝土可分段施工，每段高度不宜大于 2 m，或每个楼层分两次浇灌，应用插入式振动器，分层捣实。

五、砌块砌筑

用砌块代替烧结普通砖做墙体材料，是墙体改革的一个重要途径。近几年来，中小型砌块在我国得到了广泛应用。常用的砌块有粉煤灰硅酸盐砌块、混凝土小型空心砌块、煤矸石砌块等。砌块的规格不统一，中型砌块一般高度为 380~940 mm，长度为高度的 1.5~2.5 倍，厚度为 180~300 mm，每块砌块质量 50~200 kg。

（一）砌块排列

由于中小型砌块体积较大、较重，不如砖块可以随意搬动，多用专门设备进行吊装砌筑，且砌筑时必须使用整块，不像普通砖可随意砍凿，因此，在施工前，须根据工程平面图、立面图及门窗洞口的大小、楼层标高、构造要求等条件，绘制各墙的砌块排列图，以指导吊装砌筑施工。

砌块排列图按每片纵横墙分别绘制。其绘制方法是在立面上用 1∶50 或 1∶30 的比例绘出纵横墙，然后将过梁、平板、大梁、楼梯、孔洞等在墙面上标出，由纵墙和横墙高度计算皮数，放出水平灰缝线，并保证砌体平面尺寸和高度是块体加灰缝尺寸的倍数，再按砌块错缝搭接的构造要求和竖缝大小进行排列。对砌块进行排列时，注意尽量以主规格砌块为主，辅助规格砌块为辅，减少镶砖。小砌块墙体应对孔错缝横砌，搭接长度不应小于 90 mm。墙体的个别部位不能满足上述要求时，应在灰缝中设置拉结钢筋或钢筋网片，但竖向通缝仍不得超过两皮小砌块。砌块中水平灰缝厚度一般为 10~20 mm，有配筋的水平灰缝厚度为 20~25mm；竖缝的宽度为 15~20mm，当竖缝宽度大于 30 mm 时，应用强度等级不低于 C20 的细石混凝土填实，当竖缝宽度≥1 500 mm 或楼层高不是砌块加灰缝的整数倍时，应用普通砖镶砌。

（二）砌块施工工艺

砌块施工的主要工序是：铺灰、砌块吊装就位、校正、灌缝和镶砖。

1. 铺灰

砌块墙体所采用的砂浆，应具有良好的和易性，其稠度 50~70 mm 为宜，铺灰应平整饱满，每次铺灰长度一般不超过 5 m，炎热天气及严寒季节应适当缩短。

2. 砌块吊装就位

砌块安装通常采用两种方案：一是以轻型塔式起重机进行砌块、砂浆的运输，以及楼板等预制构件的吊装，由台架吊装砌块；二是以井架进行材料的垂直运输、杠杆车进行楼板吊装，所有预制构件及材料的水平运输则用砌块车和劳动车，台架负责砌块的吊装，前者适用于工程量大或两幢房屋对翻流水的情况，后者适用于工程量小的房屋。

砌块的吊装一般按施工段依次进行，其次序为先外后内，先远后近，先下后上，在相邻施工段之间留阶梯形斜槎。吊装时应从转角处或砌块定位处开始，采用摩擦式夹具，按砌块排列图将所需砌块吊装就位。

3. 校正

砌块吊装就位后，用托线板检查砌块的垂直度，拉准线检查水平度，并用撬棍、楔块调整偏差。

4. 灌缝

竖缝可用夹板在墙体内外夹住，然后灌砂浆，用竹片插或铁棒捣，使其密实。当砂浆吸水后用刮缝板把竖缝和水平缝刮齐。灌缝后，一般不应再撬动砌块，以防损坏砂浆黏结力。

5. 镶砖

当砌块间出现较大竖缝或过梁找平时，应镶砖。镶砖砌体的竖直缝和水平缝应控制在15~30 mm 以内。镶砖工作应在砌块校正后即刻进行，镶砖时应注意使砖的竖缝灌密实。

（三）砌块砌体质量检查

砌块砌体质量应符合下列规定：

1. 砌块砌体砌筑的基本要求与砖砌体相同，但搭接长度不应少于 150 mm。

2. 外观检查应达到：墙面清洁，勾缝密实，深浅一致，交接平整。

3. 经试验检查，在每一楼层或 250 m³ 砌体中，一组试块（每组 3 块）同强度等级的砂浆或细石混凝土的平均强度不得低于设计强度最低值，对砂浆不得低于设计强度的 75%，对于细石混凝土不得低于设计强度的 85%。

4. 预埋件、预留孔洞的位置应符合设计要求。

六、填充墙砌体工程施工

在框架结构的建筑中，墙体一般只起围护与分隔的作用，常用体轻、保温性能好的烧结空心砖或小型空心砌块砌筑，其施工方法与施工工艺与一般砌体施工有所不同，简述如下：

砌体和块体材料的品种、规格、强度等级必须符合图纸设计要求，规格尺寸应一致，质量等级必须符合标准要求，并应有出厂合格证明、试验报告单；蒸压加气混凝土砌块和轻骨料混凝土小型砌块砌筑时的产品龄期应超过 28 d。蒸压加气混凝土砌块和轻骨料混凝土小型砌块应符合《建筑放射性核素限量》的规定。

填充墙砌体应在主体结构及相关部分已施工完毕，并经有关部门验收合格后进行。砌筑前，应认真熟悉图纸以及相关构造及材料要求，核实门窗洞口位置和尺寸，计算出窗台及过梁圈梁顶部标高并根据设计图纸及工程实际情况，编制出专项施工方案和施工技术交底。

填充墙砌体施工工艺及要求如下所述：

1. 基层清理

在砌筑砌体前应对墙基层进行清理，将基层上的浮浆灰尘清扫干净并浇水湿润。块材的湿润程度应符合规范及施工要求。

2. 施工放线

放出每一楼层的轴线，墙身控制线和门窗洞的位置线。在框架柱上弹出标高控制线以控制门窗上的标高及窗台高度，施工放线完成后，应经过验收合格后，方能进行墙体施工。

3. 墙体拉结钢筋

（1）墙体拉结钢筋有多种留置方式，目前主要采用预埋钢板再焊接拉结筋、用膨胀螺栓固定先焊在铁板上的预留拉结筋以及采用植筋方式埋设拉结筋等方式。

（2）采用焊接方式连接拉结筋，单面搭接焊的焊缝长度应 ≥10d（d 为竖向钢筋直径），双面搭接焊的焊缝长度应 ≥5d，焊接不应有边、气孔等质量缺陷，并进行焊接质量检查验收。

（3）采用植筋方式埋设拉结筋，埋设的拉结筋位置较为准确，操作简单不伤结构，但应通过抗拔试验。

4. 构造柱钢筋

在填充墙施工前应先将构造柱钢筋绑扎完毕，构造柱竖向钢筋与原结构上预留插孔的搭接绑扎长度应满足设施要求。

5. 立皮数杆、排砖

（1）在皮数杆上框柱、墙上排出砌块的皮数及灰缝厚度，并标出窗、洞及墙梁等构造标高。

（2）根据要砌筑的墙体长度、高度试排砖，摆出门、窗及孔洞的位置。

（3）外墙壁第一皮砖摆底时，横墙应排丁砖，梁及梁垫的下面一皮砖、窗台台阶水平面上一皮应用丁砖砌筑。

6. 填充墙砌筑

（1）拌制砂浆

①砂浆配合比应用重量比，计量精度为：水泥±2%，砂及掺和料±5%，砂应计入其含水量对配料的影响。

②宜用机械搅拌，投料顺序为砂→水泥→掺和料→水，搅拌时间不少于 2 min。

③砂浆应随拌随用，水泥或水泥混合砂浆一般在拌和后 3~4h 内用完，气温在 30℃ 以上时，应在 2~3h 内用完。

（2）砖或砌块应提前 1~2d 浇水湿润；湿润程度以达到水浸润砖体深度 15mm 为宜，含水率为 10%~15%。不宜在砌筑时临时浇水，严禁干砖上墙，严禁在砌筑后向墙体洒水。蒸压加气混凝土砌块因含水率大于 35%，只能在砌筑时洒水湿润。

（3）砌筑墙体

①砌筑蒸压加气混凝土砌块和轻骨料混凝土小型空心砌块填充墙时，墙底部应砌 200 mm 高烧结普通砖、多孔砖或普通混凝土空心砌块或浇筑 200 mm 高混凝土坎台，混凝土强度等级宜为 C20。

②填充墙砌筑必须内外搭接、上下错缝、灰缝平直、砂浆饱满。操作过程中要经常进行自检，如有偏差，应随时纠正，严禁事后采用撞砖纠正。

③填充墙砌筑时，除构造柱的部位外，墙体的转角处和交接处应同时砌筑，严禁无可靠措施的内外墙分砌施工。

④填充墙砌体的灰缝厚度和宽度应正确。空心砖、轻骨料混凝土小型空心砌块的砌体灰缝应为 8~12 mm，蒸压加气混凝土砌块砌体的水平灰缝厚度、竖向灰缝宽度分别为 15 mm 和 20 mm。

⑤墙体一般不留槎，如必须留置临时间断处，应砌成斜槎，斜槎长度不应小于高度的 2/3；施工时不能留成斜槎时，除转角处外，可于墙中引出直凸槎（抗震设防地区不得留直槎）。直槎墙体每间隔高度应在灰缝中加设拉结钢筋，拉结筋数量按 120 mm 墙厚放一根 φ6 的钢筋，埋入长度从墙的留槎处算起，两边均不应小于 500 mm，末端应有 90° 弯钩；拉结筋不得穿过烟道和通气管。

⑥砌体接槎时，必须将接槎处的表面清理干净，浇水湿润，并应填实砂浆，保持灰缝

平直。

⑦木砖预埋：木砖经防腐处理，木纹应与钉子垂直，埋设数量按洞口高度确定；洞门高度<2m，每边放 2 块，高度在 2~3m 时，每边放 3~4 块。预埋木砖的部位一般在洞门上下四皮砖处开始，中间均匀分布或按设计预埋。

⑧设计墙体上有预埋、预留的构造，应随砌随留、随复核，确保位置正确，构造合理。不得在已砌筑好的墙体中打洞；墙体砌筑中，不得搁置脚手架。

⑨凡穿过砌块的水管，应严格防止渗水、漏水。在墙体内敷设暗管时，只能垂直埋设，不得水平开槽，敷设应在墙体砂浆达到强度后进行。混凝土空心砌块预埋管应提前专门做有预埋槽的砌块，不得墙上开槽。

⑩加气混凝土砌块切锯时应用专用工具，不得用斧子或瓦刀任意砍劈，洞口两侧应选用规则整齐的砌块砌筑。

7. 构造柱、圈梁

（1）有抗震要求的砌体填充墙按设计要求应设置构造柱、圈梁，构造柱的宽度由设计确定，厚度一般与墙壁等厚，圈梁宽度与墙等宽，高度不应小于 120mm。圈梁、构造柱的插筋宜优先预埋在结构混凝土构件中或后植筋，预留长度符合设计要求。构造柱施工时按要求应留设马牙槎，马牙槎宜先退后进，进退尺寸不小于 60 mm，高度不宜超过 300 mm。当设计无要求时，构造柱应设置在填充墙的转角处、丁形交接处或端部；当墙长大于 5 m 时，应间隔设置。圈梁宜设在填充墙高度中部。

（2）支设构造柱、圈梁模板时，宜采用对拉栓式夹具，为了防止模板与砖墙接缝处漏浆，宜用双面胶条黏结，构造柱模板根部应留垃圾清扫孔。

（3）在浇灌构造柱、圈梁混凝土前，必须向柱或梁内砌体和模板浇水湿润，并将模板内的落地灰清除干净，先注入适量水泥砂浆，再浇灌混凝土。振捣时，振捣器应避免触碰墙体，严禁通过墙体传振。

第四节 砌筑工程的质量及安全技术

一、砌筑工程的质量要求

1. 砌体施工质量控制等级：砌体施工质量控制等级分为三级，其标准应符合表 2-1 的要求。

表 2-1　砌体施工质量控制等级

项目	施工质量控制等级		
	A	B	C
现场质量管理	制度健全，并严格执行；非施工方质量监督人员经常到现场，或现场设有常驻代表；施工方有在岗专业技术管理人员，人员齐全，并持证上岗	制度基本健全，并能执行；非施工方质量监督人员间断地到现场进行质量控制；施工方有在岗专业技术管理人员，并持证上岗	有制度；非施工方质量监督人员很少进行现场质量控制；施工方有在岗专业技术管理人员
砂浆、混凝土强度	试块按规定制作，强度满足验收规定，离散性小	试块按规定制作，强度满足验收规定，离散性较小	试块强度满足验收规定，离散性大
砂浆拌和方式	机械拌和；配合比计量控制严格	机械拌和；配合比计量控制一般	机械或人工拌和；配合比计量控制较差
砌筑工人	中级工以上，其中高级工不少于20%	高、中级工不少于70%	初级工以上

2. 对砌体材料的要求：砌体工程所用的材料应有产品的合格证书、产品性能检测报告。块材、水泥、钢筋、外加剂等应有材料主要性能的进场复验报告。严禁使用国家明令淘汰的材料。

3. 任意一组砂浆试块的强度不得低于设计强度的75%。

4. 砖砌体应横平竖直，砂浆饱满，上下错缝，内外搭砌，接槎牢固。

5. 砖、小型砌块砌体的允许偏差和外观质量标准应符合规范规定

6. 配筋砌体的构造柱位置及垂直度的允许偏差应符合规范规定。

7. 填充墙砌体一般尺寸的允许偏差应符合规范规定。

8. 填充墙砌体的砂浆饱满度及检验方法应符合规范规定。

二、砌筑工程的安全与防护措施

在砌筑操作前，必须检查施工现场各项准备工作是否符合安全要求，如道路是否畅通，机具是否完好牢固，安全设施和防护用品是否齐全，经检查符合要求后才可施工。

施工人员进入现场必须戴好安全帽。砌基础时，应检查和注意基坑土质的变化情况，堆放砖石材料应离开坑边 1 m 以上。砌墙高度超过地坪 1.2 m 以上时，应搭设脚手架。架上堆放材料不得超过规定荷载值，堆砖高度不得超过三皮侧砖，同一块脚手板上的操作人

员不应超过2人。按规定搭设安全网。

不准站在墙顶上做画线、刮缝及清扫墙面或检查大角垂直等工作。不准用不稳固的工具或物体在脚手板上垫高操作。

砍砖时应面向墙面，工作完毕应将脚手板和砖墙上的碎砖、灰浆清扫干净，防止掉落伤人。正在砌筑的墙上不准走人。不准站在墙上做画线、刮缝、吊线等工作。山墙砌完后，应立即安装桁条或临时支撑，防止倒塌。

雨天或每日下班时，应做好防雨准备，以防雨水冲走砂浆，致使砌体倒塌。冬期施工时，脚手板上如有冰霜、积雪，应先清除后才能上架子进行操作。

砌石墙时不准在墙顶或架上修石材，以免振动墙体影响质量或石片掉下伤人。不准徒手移动上墙的石块，以免压破或擦伤手指。不准勉强在超过胸部的墙上进行砌筑，以免将墙体碰撞倒塌或上石时失手掉下造成安全事故。石块不得往下掷。运石上下时，脚手架要钉装牢固，并钉防滑条及扶手栏杆。

对有部分破裂和脱落危险的砌块，严禁起吊；起吊砌块时，严禁将砌块停留在操作人员的上空或在空中整修；砌块吊装时，不得在下一层楼面上进行其他任何工作；卸下砌块时应避免冲击，砌块堆放应尽量靠近楼板两端，不得超过楼板的承重能力；砌块吊装就位时，应待砌块放稳后，方可松开夹具，凡脚手架、井架、门架搭设好后，须经专人验收合格后方准使用。

第三章　混凝土结构工程

第一节　模板工程

一、模板的作用、要求和种类

模板系统包括模板、支架和紧固件三个部分。模板又称模型板，是新浇混凝土成型用的模型。

模板及其支架的要求：能保护工程结构和构件各部分形状尺寸及相互位置的正确；具有足够的承载能力、刚度和稳定性，能可靠地承受新浇混凝土的自重、侧压力及施工荷载；模板构造宜求简单，装拆方便，便于钢筋的绑扎、安装，符合混凝土浇筑及养护等要求；模板的接缝不应漏浆。

模板及其支架的分类：

按其所用的材料不同，分为木模板、钢模板、钢木模板、钢竹模板、胶合板模板、塑料模板、铝合金模板等。

按其结构的类型不同，分为基础模板、柱模板、楼板模板、墙模板、壳模板和烟囱模板等。

按其形式不同，分为整体式模板、定型模板、工具式模板、滑升模板、胎模等。

（一）木模板

木模板的特点是加工方便，能适应各种变化形状模板的需要，但周转率低，耗木材多。

如节约木材，减少现场工作，木模板一般预先加工成拼板，然后在现场进行拼装。拼板由板条拼钉而成，板条厚度一般为 25~30 mm，其宽度不宜超过 700 mm（工具式模板不超过 150 mm），拼条间距一般为 400~500 mm，视混凝土的侧压力和板条厚度而定。

（二）基础模板

基础的特点是高度不大而体积较大，基础模板一般利用地基或基槽（坑）进行支撑。安装时，要保证上下模板不发生相对位移，如为杯形基础，则还要在其中放入杯口模板。

（三）柱子模板

柱子的特点是断面尺寸不大但比较高。柱子模板由内拼板夹在两块外拼板之内组成，为利用短料，可利用短横板（门子板）代替外拼板钉在内拼板上。为承受混凝土的侧应力，拼板外沿设柱箍，其间距与混凝土侧压力、拼板厚度有关，为 500~700 mm。柱模底部有钉在底部混凝土上的木框，用以固定柱模的位置。柱模顶部有与梁模连接的缺口，背部有清理孔，沿高度每 2 m 设浇筑孔，以便浇筑混凝土。对于独立柱模，其四周应加支撑，以免混凝土浇筑时产生倾斜。

安装过程及要求：梁模板安装时，沿梁模板下方地面上铺垫板，在柱模板缺口处钉衬口档，把底板搁置在衬口档上；接着，立起靠近柱或墙的顶撑，再将梁按长度等分，立中间部分顶撑，顶撑底下打入木楔，并检查调整标高；然后，把侧模板放上，两头钉于衬口档上，在侧板底外侧铺钉夹木，再钉上斜撑和水平拉条。有主次梁模板时，要待主梁模板安装并校正后才能进行次梁模板安装。梁模板安装后再拉中线检查、复核各梁模板中心线位置是否正确。

（四）梁、楼板模板

梁的特点是跨度大而宽度不大，梁底一般是架空的。楼板的特点是面积大而厚度比较薄，侧向压力小。

梁模板由底模和侧模、夹木及支架系统组成。底模承受垂直荷载，一般较厚。底模用长条模板加拼条拼成，或用整块板条。底模下有支柱（顶撑）或桁架承托。为减少梁的变形，支柱的压缩变形或弹性挠变不超过结构跨度的 1/1 000。支柱底部应支承在坚实的地面或楼面上，以防下沉。为便于调整高度，宜用伸缩式顶撑或在支柱底部垫以木楔。多层建筑施工中，安装上层楼的楼板时，其下层楼板应达到足够的强度，或设有足够的支柱，梁跨度等于及大于 4 m 时，底模应起拱，起拱高度一般为梁跨度的 1/1 000~3/1 000。

梁侧模板承受混凝土侧压力，为防止侧向变形，底部用夹紧条夹住，顶部可由支撑楼板模板的木格栅顶住，或用斜撑支牢。

楼板模板多用定型模板，它支承在木格栅上，木格栅支承在梁侧模板外的横档上。

（五）楼梯模板

楼梯模板的构造与楼板相似，不同点是楼梯模板要倾斜支设，且要能形成踏步。踏步模板分为底板及梯步两部分。平台、平台梁的模板同前。

（六）定型组合钢模板

定型组合钢模板是一种工具式定型模板，由钢模板和配件组成，配件包括连接件和支承件。

钢模板通过各种连接件和支承件可组合成多种尺寸、结构和几何形状的模板，以适应各种类型建筑物的梁、柱、板、墙、基础和设备等施工的需要，也可用其拼装成大模板、滑模、隧道模和台模等。

施工时可在现场直接组装，亦可预拼装成大块模板或构件模板用起重机吊运安装。

定型组合钢模板组装灵活，通用性强，拆装方便；每套钢模可重复使用 50~100 次；加工精度高，浇筑混凝土的质量好，成型后的混凝土尺寸准确，棱角整齐，表面光滑，可以节省装修用工。

1. 钢模板

钢模板包括平面模板、阴角模板、阳角模板和连接角模。

钢模板采用模数制设计，宽度模数以 50 mm 晋级，长度为 150 mm 晋级，可以适应横竖拼装成以 50 mm 晋级的任何尺寸的模板。

（1）平面模板

平面模板用于基础、墙体、梁、板、柱等各种结构的平面部位，它由面板和肋组成，肋上设有 U 形卡孔和插销孔，利用 U 形卡和 L 形插销等拼装成大块板，规格分类：长度有 1 500 mm、1 200 mm、900 mm、750 mm、600 mm、450 mm 六种，宽度有 300 mm、250 mm、150 mm、100 mm 四种，高度为 55 mm，可互换组合拼装成以 50 mm 为模数的各种尺寸。

（2）阴角模板

阴角模板用于混凝土构件阴角，如内墙角、水池内角及梁板交接处阴角等，宽度阴角模有 150 mm×150 mm、100 mm×150 mm 两种。

（3）阳角模板

阳角模板主要用于混凝土构件阳角，宽度阳角模有 100 mm×100 mm，50 mm×50 mm 两种。

（4）连接角模

角模用于平模板做垂直连接构成阳角，宽度连接角膜为 50 mm×50 mm。

2. 连接件

定型组合钢模板的连接件包括 U 形卡、L 形插销、钩头螺栓、紧固螺栓、对拉螺栓和扣件等，可用 $\varphi 12$ 的 3 号圆钢自制。

（1）U 形卡：模板的主要连接件，用于相邻模板的拼装。

（2）L 形插销：用于插入两块模板纵向连接处的插销孔内，以增强模板纵向接头处的刚度。

（3）钩头螺栓：连接模板与支撑系统的连接件。

（4）紧固螺栓：用于内、外钢楞之间的连接件。

（5）对拉螺栓：又称穿墙螺栓，用于连接墙壁两侧模板，保持墙壁厚度，承受混凝土侧压力及水平荷载，使模板不致变形。

（6）扣件：扣件用于钢楞之间或钢楞与模板之间的扣紧，按钢楞的不同形状，分别采用蝶形扣件和"3"形扣件。

3. 支承件

定型组合钢模板的支承件包括钢楞、柱箍、支架、斜撑及钢桁架等。

（1）钢楞

钢楞即模板的横档和竖档，分内钢楞与外钢楞。

内钢楞配置方向一般应与钢模板垂直，直接承受钢模板传来的荷载，其间距一般为 700~900 mm。

钢楞一般用圆钢管、矩形钢管、槽钢或内卷边槽钢，而以钢管用得较多。

（2）柱箍

柱模板四角设角钢柱箍。角钢柱箍由两根互相焊成直角的角钢组成，用弯角螺栓及螺母拉紧。

（3）钢支架

它由内外两节钢管制成，其高低调节距模数为 100mm；支架底部除垫板外，均用木楔调整标高，以利于拆卸。

另一种钢管支架本身装有调节螺杆，能调节一个孔距的高度，使用方便，但成本略高。

当荷载较大、单根支架承载力不足时，可用组合钢支架或钢管井架。还可用扣件式钢管脚手架、门形脚手架做支架。

（4）斜撑

由组合钢模板拼成的整片墙模或柱模，在吊装就位后，应由斜撑调整和固定其垂直位置。

（5）钢桁架

其两端可支承在钢筋托具，墙、梁侧模板的横档以及柱顶梁底横档上，以支承梁或板的模板。

（6）梁卡具

又称梁托架，用于固定矩形梁、圈梁等模板的侧模板，可节约斜撑等材料，也可用于侧模板上口的卡固定位。

二、模板的安装与拆除

（一）模板的安装

模板及其支架在安装过程中，必须设置防倾覆的临时固定设施。对现浇多层房屋和构筑物，应采取分层分段支模的方法。

（二）模板的拆除

模板拆除取决于混凝土的强度、模板的用途、结构的性质、混凝土硬化时的温度及养护条件等。及时拆模可以提高模板的周转率；拆模过早会因混凝土的强度不足，在自重或外力作用大而产生变形甚至裂缝，造成质量事故。因此，合理地拆除模板对提高施工的技术经济效果至关重要。

1. 拆模的要求

对预制构件模板拆除时的混凝土强度，应符合设计要求；当设计无具体要求时，应符合下列规定：

第一，侧模，在混凝土强度能保证构件不变形、棱角完整时，才允许拆除侧模。

第二，芯模或预留孔洞的内模，在混凝土强度能保证构件和孔洞表面不发生坍陷和裂缝后，方可拆除。

第三，底模，当构件跨度不大于 4 m 时，在混凝土强度符合设计的混凝土强度标准值的 50% 的要求后，方可拆除；当构件跨度大于 4m 时，在混凝土强度符合设计的混凝土强度标准值的 75% 的要求后，方可拆模。"设计的混凝土强度标准值"是指与设计混凝土等级相应的混凝土立方抗压强度标准值。

已拆除模板及其支架后的结构，只有当混凝土强度符合设计混凝土强度等级的要求时，才允许承受全部荷载；当施工荷载产生的效应比使用荷载的效应更为不利时，对结构必须经过核算，能保证其安全可靠性或经加设临时支撑加固处理后，才允许继续施工。拆除后的模板应进行清理、涂刷隔离剂，分类堆放，以便使用。

2. 拆模的顺序

一般是先支后拆，后支先拆，先拆除侧模板，后拆除底模板。对于肋形楼板的拆模顺序，首先拆除柱模板，然后拆除楼板底模板、梁侧模板，最后拆除梁底模板。

多层楼板模板支架的拆除，应按下列要求进行：

上层楼板正在浇筑混凝土时，下一层楼板的模板支架不得拆除，再下一层楼板模板的支架仅可拆除一部分。

跨度≥4m 的梁均应保留支架，其间距不得大于 3 m。

3. 拆模的注意事项

（1）模板拆除时，不应对楼层形成冲击荷载。

（2）拆除的模板和支架宜分散堆放并及时清运。

（3）拆模时，应尽量避免混凝土表面或模板受到损坏。

（4）拆下的模板，应及时加以清理、修理，按尺寸和种类分别堆放，以便下次使用。

（5）若定型组合钢模板背面油漆脱落，应补刷防锈漆。

（6）已拆除模板及支架的结构，应在混凝土达到设计的混凝土强度标准后，才允许承受全部使用荷载。

（7）当承受施工荷载产生的效应比使用荷载更为不利时，必须经过核算，并加设临时支撑。

第二节　钢筋工程

一、钢筋的分类

钢筋混凝土结构所用的钢筋按生产工艺分为：热轧钢筋、冷拉钢筋、冷拔钢筋、冷轧钢筋、热处理钢筋、碳素钢丝、刻痕钢丝和钢绞线等。按轧制外形分为：光圆钢筋和变形钢筋（月牙形、螺旋形、人字形钢筋）；按钢筋直径大小分为：钢丝（直径 3~5 mm）、细钢筋（直径 6~10 mm）、中粗钢筋（直径 12~20 mm）和粗钢筋（直径大于 20 mm）。

钢筋出厂应附有出厂合格证明书或技术性能及试验报告证书。

钢筋运至现场在使用前,需要经过加工处理。钢筋的加工处理主要工序有冷拉、冷拔、除锈、调直、下料、剪切、绑扎及焊(连)接等。

二、钢筋的验收和存放

(一)钢筋的验收

钢筋进场时,应按现行国家标准《钢筋混凝土用热轧带肋钢筋》(GB/T 1499.2—2018)等的规定抽取试件做力学性能检验,其质量必须符合有关标准的规定。

验收内容:查对标牌,检查外观,并按有关标准的规定抽取试样进行力学性能试验。

钢筋的外观检查包括:钢筋应平直、无损伤,表面不得有裂纹、油污、颗粒状或片状锈蚀。钢筋表面凸块不允许超过螺纹的高度;钢筋的外形尺寸应符合有关规定。

做力学性能试验时,从每批中任意抽出两根钢筋,每根钢筋上取两个试样分别进行拉力试验(测定其屈服点、抗拉强度、伸长率)和冷弯试验。

(二)钢筋的存放

钢筋运至现场后,必须严格按批分等级、牌号、直径、长度等挂牌存放,并注明数量,不得混淆。

应堆放整齐,避免锈蚀和污染,堆放钢筋的下面要加垫木,离地一定距离,一般为20 cm;有条件时,尽量堆入仓库或料棚内。

三、钢筋的冷拉和冷拔

(一)钢筋的冷拉

钢筋冷拉:在常温下对钢筋进行强力拉伸,以超过钢筋的屈服强度的拉应力,使钢筋产生塑性变形,达到调直钢筋、提高强度的目的。

1. 冷拉原理

冷拉后钢筋有内应力存在,内应力会促进钢筋内的晶体组织调整,使屈服强度进一步提高。该晶体组织调整过程称为"时效"。

2. 冷拉控制

钢筋冷拉控制可以用控制冷拉应力或冷拉率的方法冷拉后检查钢筋的冷拉率,如超过表中规定的数值,则应进行钢筋力学性能试验。用作预应力混凝土结构的预应力筋,宜采用冷拉应力来控制。

3. 冷拉设备

冷拉设备由拉力设备、承力结构、测量设备和钢筋夹具等部分组成。

（二）钢筋的冷拔

钢筋冷拔是用强力将直径 6~8mm 的 I 级光圆钢筋在常温下通过特制的钨合金拔丝模，多次拉拔成比原钢筋直径小的钢丝，使钢筋产生塑性变形。

钢筋经过冷拔后，横向压缩、纵向拉伸，钢筋内部晶格产生滑移，抗拉强度标准值可提高 50%~90%，但塑性降低，硬度提高。这种经冷拔加工的钢筋称为冷拔低碳钢丝。冷拔低碳钢丝分为甲、乙级，甲级钢丝主要用作预应力混凝土构件的预应力筋，乙级钢丝用于焊接网和焊接骨架、架立筋、箍筋和构造钢筋。

1. 冷拔工艺

钢筋冷拔工艺过程为：轧头→剥壳→通过润滑剂→进入拔丝模。轧头在钢筋轧头机上进行，将钢筋端轧细，以便通过拔丝模孔。剥壳是通过 3~6 个上下排列的辊子，除去钢筋表面坚硬的氧化铁渣壳。润滑剂常用石灰、动植物油肥皂、白蜡和水按比例制成。

2. 影响冷拔质量的因素

影响冷拔质量的主要因素为原材料质量和冷拔点总压缩率。

为保证冷拔钢丝的质量，甲级钢丝采用符合 I 级热轧钢筋标准的圆盘条拔制。冷拔总压缩率（β）是指由盘条拔至成品钢丝的横截面缩减率，可按下式计算：

$$\beta = \frac{d_0^2 - d^2}{d_0^2} \times 100\% \tag{3-1}$$

式中 β ——总压缩率。

d_0 ——原盘条钢筋直径，mm。

d ——成品钢丝直径，mm。

总压缩率越大，则抗拉强度提高越高，但塑性降低也越多，因此，必须控制总压缩率。

四、钢筋配料

钢筋配料就是根据配筋图计算构件各钢筋的下料长度、根数及质量，编制钢筋配料单，作为备料、加工和结算的依据。

（一）钢筋配料单的编制

1. 熟悉图纸。编制钢筋配料单之前必须熟悉图纸，把结构施工图中钢筋的品种、规格列成钢筋明细表，并注明钢筋设计尺寸。

2. 计算钢筋的下料长度。

3. 填写和编写钢筋配料单。根据钢筋下料长度，汇总编制钢筋配料单。在配料单中，要反映出工程名称，钢筋编号，钢筋简图和尺寸，钢筋直径、数量、下料长度、质量等。

4. 填写钢筋料牌。根据钢筋配料单，将每一编号的钢筋制作一块料牌，作为钢筋加工的依据。

（二）钢筋下料长度的计算原则及规定

1. 钢筋长度

钢筋下料长度与钢筋图中的尺寸是不同的。钢筋图中注明的尺寸是钢筋的外包尺寸，外包尺寸大于轴线长度，但钢筋经弯曲成型后，其轴线长度并无变化。因此钢筋应按轴线长度下料，否则，钢筋长度大于要求长度，将导致保护层不够，或钢筋尺寸大于模板净空，既影响施工，又造成浪费。在直线段，钢筋的外包尺寸与轴线长度并无差别；在弯曲处，钢筋外包尺寸与轴线长度间存在一个差值，称之为量度差。故钢筋下料长度应为各段外包尺寸之和减去量度差，再加上端部弯钩尺寸（称末端弯钩增长值）。

2. 混凝土保护层厚度

混凝土保护层是指受力钢筋外缘至混凝土构件表面的距离，其作用是保护钢筋在混凝土结构中不受锈蚀。

混凝土的保护层厚度，一般用水泥砂浆垫块或塑料卡垫在钢筋与模板之间来控制。塑料卡的形状有塑料垫块和塑料环圈两种。塑料垫块用于水平构件，塑料环圈用于垂直构件。

综上所述，钢筋下料长度计算总结为：

直钢筋下料长度＝直构件长度-保护层厚度+弯钩增加长度

弯起钢筋下料长度＝直段长度+斜段长度-弯折量度差值+弯钩增加长度

箍筋下料长度＝直段长度+弯钩增加长度-弯折量度差值

或箍筋下料长度＝箍筋周长+箍筋调整值

（三）钢筋下料计算注意事项

第一，在设计图纸中，钢筋配置的细节问题没有注明时，一般按构造要求处理。

第二，配料计算时，要考虑钢筋的形状和尺寸，在满足设计要求的前提下，要有利于加工。

第三，配料时，还要考虑施工需要的附加钢筋。

五、钢筋代换

（一）代换原则及方法

当施工中遇到钢筋品种或规格与设计要求不符时，可参照以下原则进行钢筋代换。

1. 等强度代换方法

当构件配筋受强度控制时，可按代换前后强度相等的原则代换，称作"等强度代换"。

2. 等面积代换方法

当构件按最小配筋率配筋时，可按代换前后面积相等的原则进行代换，称"等面积代换"。代换时应满足下式要求：

$$n_2 \geq \frac{n_1 d_1^2 f_{y1}}{d_2^2 f_{y2}}$$

3. 裂缝宽度或挠度验算

当构件配筋受裂缝宽度或挠度控制时，代换后应进行裂缝宽度或挠度验算。

（二）代换注意事项

钢筋代换时，应办理设计变更文件，并应符合下列规定：

1. 重要受力构件（如吊车梁、薄腹梁、桁架下弦等）不宜用 HPB300 钢筋代换变形钢筋，以免裂缝开展过大。

2. 钢筋代换后，应满足混凝土结构设计规范中所规定的钢筋间距、锚固长度、最小钢筋直径、根数等配筋构造要求。

3. 梁的纵向受力钢筋与弯起钢筋应分别代换，以保证正截面与斜截面强度。

4. 有抗震要求的梁、柱和框架，不宜以强度等级较高的钢筋代换原设计中的钢筋；如必须代换时，其代换的钢筋检验所得的实际强度，尚应符合抗震钢筋的要求。

5. 预制构件的吊环，必须采用未经冷拉的 HPB300 钢筋制作，严禁以其他钢筋代换。

6. 当构件受裂缝宽度或挠度控制时，钢筋代换后应进行刚度、裂缝验算。

六、钢筋的绑扎与机械连接

（一）钢筋绑扎连接

钢筋绑扎安装前，应先熟悉施工图纸，核对钢筋配料单和料牌，研究钢筋安装和与有关工种配合的顺序，准备绑扎用的铁丝、绑扎工具、绑扎架等。钢筋绑扎一般用18~22号铁丝，其中22号铁丝只用于绑扎直径12 mm以下的钢筋。

1. 钢筋绑扎要求

钢筋的交叉点应用铁丝扎牢。柱、梁的箍筋，除设计有特殊要求外，应与受力钢筋垂直；箍筋弯钩叠合处，应沿受力钢筋方向错开设置。柱中竖向钢筋搭接时，角部钢筋的弯钩平面与模板面的夹角，矩形柱应为45°，多边形柱应为模板内角的平分角。

板、次梁与主梁交叉处，板的钢筋在上，次梁的钢筋居中，主梁的钢筋在下；当有圈梁或垫梁时，主梁的钢筋应放在圈梁上。主筋两端的搁置长度应保持均匀一致。

2. 钢筋绑扎接头

同一构件中相邻纵向受力钢筋的绑扎搭接接头宜相互错开。

（二）钢筋机械连接

1. 套筒挤压连接

套筒挤压连接是把两根待接钢筋的端头先插入一个优质钢套管，然后用挤压机在侧向加压数道，套筒塑性变形后即与带肋钢筋紧密咬合达到连接的目的。

2. 锥螺纹连接

锥螺纹连接是用锥形纹套筒将两根钢筋端头对接在一起，利用螺纹的机械咬合力传递拉力或压力。所用的设备主要是套丝机，通常安放在现场对钢筋端头进行套丝。

3. 直螺纹连接

直螺纹连接是近年来开发的一种新的螺纹连接方式。它先把钢筋端部镦粗，然后再切削直螺纹，最后用套筒实行钢筋对接。

（1）等强直螺纹接头的制作工艺及其优点

等强直螺纹接头制作工艺分下列几个步骤：钢筋端部镦粗；切削直螺纹；用连接套筒对接钢筋。

直螺纹接头的优点：强度高；接头强度不受扭紧力矩影响；连接速度快；应用范围广；经济；便于管理。

（2）接头性能

为充分发挥钢筋母材强度，连接套筒的设计强度大于等于钢筋抗拉强度标准值的1.2倍。

4. 钢筋机械连接接头质量检查与验收

工程中应用钢筋机械连接时，应由该技术提供单位提交有效的检验报告。

钢筋连接工程开始前及施工过程中，应对每批进场钢筋进行接头工艺检验，工艺检验应符合设计图纸或规范要求。现场检验应进行外观质量检查和单向拉伸试验。接头的现场检验按验收批进行。对接头的每一验收批，必须在工程结构中随机截取3个试件做单向拉伸试验，按设计要求的接头性能等级进行检验与评定。在现场连续检验10个验收批。外观质量检验的质量要求、抽样数量、检验方法及合格标准由各类型接头的技术规程确定。

七、钢筋的焊接

钢筋常用的焊接方法有闪光对焊、电弧焊、电渣压力焊、埋弧压力焊和气压焊等。

钢筋焊接接头质量检查与验收应满足下列规定：

（1）钢筋焊接接头或焊接制品（焊接骨架、焊接网）应按《钢筋焊接及验收规程》（JGJ18-2012）的规定进行质量检查与验收。

（2）钢筋焊接接头或焊接制品应分批进行质量检查与验收。质量检查应包括外观检查和力学性能试验。

（3）外观检查首先应由焊工对所焊接头或制品进行自检，然后再由质量检查人员进行检验。

（4）力学性能试验应在外观检查合格后随机抽取试件进行试验。

（5）钢筋焊接接头或焊接制品质量检验报告单中应包括下列内容：

①工程名称、取样部位；②批号、批量；③钢筋级别、规格；④力学性能试验结果；⑤施工单位。

（一）闪光对焊

根据钢筋级别、直径和所用焊机的功率，闪光对焊工艺可分为连续闪光焊、预热闪光焊、闪光-预热-闪光焊三种。

1. 连续闪光焊

连续闪光焊的工艺过程包括连续闪光和顶锻过程。施焊时，闭合电源使两钢筋端面轻微接触，此时端面接触点很快熔化并产生金属蒸气飞溅，形成闪光现象；接着徐徐移动钢筋，形成连续闪光过程，同时接头被加热；待接头烧平、闪去杂质和氧化膜、白热熔化时，立即施加轴向压力迅速进行顶锻，使两根钢筋焊牢。

连续闪光焊宜用于焊接直径 25 mm 以内的 HPB300、HRB335 和 HRB400 钢筋。

2. 预热闪光焊

预热闪光焊的工艺过程包括预热、连续闪光及顶锻过程，即在连续闪光焊前增加了一次预热过程，使钢筋预热后再连续闪光烧化进行加压顶锻。

预热闪光焊适宜焊接直径大于 25 mm 且端部较平坦的钢筋。

3. 闪光-预热-闪光焊

即在预热闪光焊前面增加了一次闪光过程，使不平整的钢筋端面烧化平整，预热均匀，最后进行加压顶锻。它适宜焊接直径大于 25 mm，且端部不平整的钢筋。

闪光对焊接头的质量检验，应分批进行外观检查和力学性能试验，并应按下列规定抽取试件：

（1）在同一台班内，由同一焊工完成的 300 个同级别、同直径钢筋焊接接头应作为一批。当同一台班内焊接的接头数量较少，可在一周之内累计计算；累计仍不足 300 个接头，应按一批计算。

（2）外观检查的接头数量，应从每批中抽查 10%，且不得少于 10 个。

（3）力学性能试验时，应从每批接头中随机切取 6 个试件，其中 3 个做拉伸试验，3 个做弯曲试验。

（4）焊接等长的预应力钢筋（包括螺丝端杆与钢筋）时，可按生产时同等条件制作模拟试件。

（5）螺丝端杆接头可只做拉伸试验。

闪光对焊接头外观检查结果，应符合下列要求：

（1）接头处不得有横向裂纹。

（2）与电接触处的钢筋表面，HPB300、HRB335 和 HRB400 钢筋焊接时不得有明显烧伤，RRB400 钢筋焊接时不得有烧伤。

（3）接头处的弯折角不得大于 4°。

（4）接头处的轴线偏移，不得大于钢筋直径的 0.1 倍，且不得大于 2mm。

闪光对焊接头拉伸试验结果应符合下列要求：

（1）3 个热轧钢筋接头试件的抗拉强度均不得小于该级别钢筋规定的抗拉强度；余热处理 HRB400 钢筋接头试件的抗拉强度均不得小于热轧 HRB400 钢筋规定的抗拉强度 570 MPa。

（2）应至少有 2 个试件断于焊缝之外，并呈延性断裂。

（3）预应力钢筋与螺丝端杆闪光对焊接头拉伸试验结果，3 个试件应全部断于焊缝之外，呈延性断裂。

（4）模拟试件的试验结果不符合要求时，应从成品中再切取试件进行复验，其数量和要求应与初始试验时相同。

（5）闪光对焊接头弯曲试验时，应将受压面的金属毛刺和镦粗变形部分消除，且与母材的外表齐平。

（二）电弧焊

电弧焊是利用弧焊机使焊条与焊件之间产生高温电弧，使焊条和电弧燃烧范围内的焊件熔化，待其凝固便形成焊缝或接头。

电弧焊广泛用于钢筋接头与钢筋骨架焊接、装配式结构接头焊接、钢筋与钢板焊接及各种钢结构焊接。

弧焊机有直流与交流之分，常用的是交流弧焊机。

焊条的种类很多，根据钢材等级和焊接接头形式选择焊条，如结 420、结 500 等。

焊接电流和焊条直径应根据钢筋级别、直径、接头形式和焊接位置进行选择。

钢筋电弧焊的接头形式有三种：搭接接头、帮条接头及坡口接头。

搭接接头的长度、帮条的长度、焊缝的宽度和高度，均应符合规范的规定。

电弧焊接头外观检查时，应在清渣后逐个进行目测或量测。

钢筋电弧焊接头外观检查结果，应符合下列要求：

（1）焊缝表面应平整，不得有凹陷或焊瘤。

（2）焊接接头区域不得有裂纹。

（3）符合咬边深度、气孔、夹渣等缺陷允许值及接头尺寸的允许偏差。

（4）坡口焊、熔槽帮条焊和窄间隙焊接头的焊缝余高不得大于 3 mm。

钢筋电弧焊接头拉伸试验结果应符合下列要求：

（1）3 个热轧钢筋接头试件的抗拉强度均不得小于该级别钢筋规定的抗拉强度。

（2）3 个接头试件均应断于焊缝之外，并应至少有 2 个试件呈延性断裂。

（三）电渣压力焊

电渣压力焊是利用电流通过渣池产生的电阻热将钢筋端部熔化，然后施加压力使钢筋焊合。

钢筋电渣压力焊分手工操作和自动控制两种。采用自动电渣压力焊时，主要设备是自动电渣焊机。

电渣压力焊的焊接参数为焊接电流、渣池电压和通电时间等，可根据钢筋直径选择。电渣压力焊的接头应按规范规定的方法检查外观质量和进行试样拉伸试验。

电渣压力焊接头应逐个进行外观检查。

电渣压力焊接头外观检查结果应符合下列要求：

（1）四周焊包凸出钢筋表面的高度应大于或等于 4 mm。

（2）钢筋与电极接触处，应无烧伤缺陷。

（3）接头处的弯折角不得大于 4°。

（4）接头处的轴线偏移不得大于钢筋直径的 0.1 倍，且不得大于 2 mm。

电渣压力焊拉头拉伸试验结果，3 个试件的抗拉强度均不得小于该级别钢筋规定的抗拉强度。

（四）埋弧压力焊

埋弧压力焊是利用焊剂层下的电弧，将两焊件相邻部位熔化，然后加压顶锻使两焊件焊合。具有焊后钢板变形小、抗拉强度高的特点。

（五）气压焊

钢筋气压焊是利用乙炔、氧气混合气体燃烧的高温火焰，加热钢筋结合端部，不待钢筋熔融使其高温下加压接合。

气压焊操作工艺：

施焊前，钢筋端头用切割机切齐，压接面应与钢筋轴线垂直，如稍有偏斜，两钢筋间距不得大于 3 mm。

钢筋切平后，端头周边用砂轮磨成小八字角，并将端头附近 50~100 mm 内钢筋表面上的铁锈、油渍和水泥清除干净。

施焊时，先将钢筋固定于压接器上，并加以适当的压力使钢筋接触，然后将火钳火口对准钢筋接缝处，加热钢筋端部至 1 100~1 300℃，表面发深红色时，当即加压油泵，对钢筋施以 40 MPa 以上的压力。

八、钢筋的加工与安装

（一）除锈

钢筋除锈一般可以通过以下两个途径：大量钢筋除锈可通过钢筋冷拉或钢筋调直机调

直过程中完成。

少量的钢筋局部除锈可采用电动除锈机或人工用钢丝刷、砂盘以及喷砂和酸洗等方法进行。

（二）调直

钢筋调直宜采用机械方法，也可以采用冷拉。对局部曲折、弯曲或成盘的钢筋在使用前应加以调直。钢筋调直方法很多，常用的方法是使用卷扬机拉直和用调直机调直。

（三）切断

切断前，应将同规格钢筋长短搭配，统筹安排，一般先断长料，后断短料，以减少短头和损耗。

钢筋切断可用钢筋切断机或手动剪切器。

（四）弯曲成型

钢筋弯曲的顺序是画线、试弯、弯曲成型。

画线主要根据不同的弯曲角在钢筋上标出弯折的部位，以外包尺寸为依据，扣除弯曲量度差值。

钢筋弯曲有人工弯曲和机械弯曲。

第三节　混凝土工程

一、混凝土的原料

水泥进场时应对品种、级别、包装或散装仓号、出厂日期等进行检查。

当使用中对水泥质量有怀疑或水泥出厂超过 3 个月（快硬硅酸盐水泥超过 1 个月）时，应进行复验，并依据复验结果使用。

钢筋混凝土结构、预应力混凝土结构中，严禁使用含氯化物的水泥。

混凝土中掺外加剂的质量应符合现行国家标准《混凝土外加剂》（GB 8076—2008）、《混凝土外加剂应用技术规范》（GB 50119—2013）等和有关环境保护的规定。

混凝土中掺用矿物掺和料的质量应符合现行国家标准《用于水泥和混凝土中的粉煤灰》（GB/T1596—2017）等的规定。

普通混凝土所用的粗、细骨料的质量应符合《普通混凝土用碎石或卵石质量标准及检验方法》（JGJ 53-92）、《普通混凝土用砂、石质量标准及检验方法》（JGJ 52-2006）的规定。

拌制混凝土宜采用饮用水；当采用其他水源时，水质应符合国家标准《混凝土用水标准》（JGJ 63-2006）的规定。

二、混凝土的施工配料

混凝土应按建工行业建设标准《普通混凝土配合比设计规程》（JGJ 55-2011）的有关规定，根据混凝土强度等级、耐久性和工作性等要求进行配合比设计。

施工配料时影响混凝土质量的因素主要有两方面：一是称量不准；二是未按砂、石骨料实际含水率的变化进行施工配合比的换算。

混凝土的配合比是在实验室根据混凝土的施工配制强度经过试配和调整而确定的，称为实验室配合比。

实验室配合比所用的砂、石都是不含水分的。而施工现场的砂、石一般都含有一定的水分，且砂、石含水率的大小随当地气候条件不断发生变化。因此，为保证混凝土配合比的质量，在施工中应适当扣除使用砂、石的含水量，经调整后的配合比，称为施工配合比。

配制混凝土配合比时，混凝土的最大水泥用量不宜大于 550 kg/m³，且应保证混凝土的最大水灰比和最小水泥用量应符合规定。

配制泵送混凝土的配合比时，骨料最大粒径与输送管内径之比，对碎石不宜大于 1：3，卵石不宜大于 1：2.5，通过 0.315 mm 筛孔的砂不应少于 15%；砂率宜控制在 40%～50%；最小水泥用量宜为 300 kg/m³；混凝土的坍落度宜为 80～180mm；混凝土内宜掺加适量的外加剂。泵送轻骨料混凝土的原材料选用及配合比，应由试验确定。

三、混凝土的搅拌

（一）混凝土搅拌机

混凝土搅拌机按搅拌原理分为自落式和强制式两类。

自落式搅拌机多用于搅拌塑性混凝土和低流动性混凝土，根据其构造的不同又分为若干种。

强制式搅拌机多用于搅拌干硬性混凝土和轻骨料混凝土，也可以搅拌低流动性混凝土。强制式搅拌机又分为立轴式和卧轴式两种。卧轴式有单轴、双轴之分，而立轴式又分为涡桨式和行星式。

（二）混凝土搅拌

1. 搅拌时间

混凝土的搅拌时间：从砂、石、水泥和水等全部材料投入搅拌筒起，到开始卸料为止所经历的时间。

搅拌时间与混凝土的搅拌质量密切相关，随搅拌机类型和混凝土的和易性不同而变化。在一定范围内，随搅拌时间的延长，强度有所提高，但过长时间的搅拌既不经济，而且混凝土的和易性又将降低，影响混凝土的质量。

加气混凝土还会因搅拌时间过长而使含气量下降。

2. 投料顺序

投料顺序应从提高搅拌质量，减少叶片、衬板的磨损，减少拌和物与搅拌筒的黏结，减少水泥飞扬，改善工作环境，提高混凝土强度及节约水泥等方面综合考虑确定。常用一次投料法和二次投料法。

（1）一次投料法是在上料斗中先装石子，再加水泥和砂，然后一次投入搅拌筒中进行搅拌。

自落式搅拌机要在搅拌筒内先加部分水，投料时砂压住水泥，使水泥不飞扬，而且水泥和砂先进搅拌筒形成水泥砂浆，可缩短水泥包裹石子的时间。

强制式搅拌机出料口在下部，不能先加水，应在投入原材料的同时，缓慢均匀分散地加水。

（2）二次投料法是先向搅拌机内投入水和水泥（和砂），待其搅拌 1 min 后再投入石子和砂继续搅拌到规定时间。这种投料方法，能改善混凝土性能，提高混凝土的强度，在保证规定的混凝土强度的前提下节约了水泥。

目前常用的方法有两种：预拌水泥砂浆法和预拌水泥净浆法。

预拌水泥砂浆法是指先将水泥、砂和水加入搅拌筒内进行充分搅拌，成为均匀的水泥砂浆后，再加入石子搅拌成均匀的混凝土。

预拌水泥净浆法是先将水泥和水充分搅拌成均匀的水泥净浆后，再加入砂和石子搅拌成混凝土。

与一次投料法相比，二次投料法可使混凝土强度提高 10%～15%，节约水泥 15%～20%。

水泥裹砂石法混凝土搅拌工艺，用这种方法拌制的混凝土称为造壳混凝土（简称 SEC

混凝土）。

它是分两次加水，两次搅拌。

先将全部砂、石子和部分水倒入搅拌机拌和，使骨料湿润，称之为造壳搅拌。

搅拌时间以 45~75 s 为宜，再倒入全部水泥搅拌 20 s，加入拌和水和外加剂进行第二次搅拌，60s 左右完成，这种搅拌工艺称为水泥裹砂法。

3. 进料容量

进料容量是将搅拌前各种材料的体积累积起来的容量，又称干料容量。

进料容量与搅拌机搅拌筒的几何容量有一定比例关系。进料容量约为出料容量的 1.4~1.8 倍（通常取 1.5 倍），如任意超载（超载 10%），就会使材料在搅拌筒内无充分的空间进行拌和，影响混凝土的和易性；反之，装料过少，又不能充分发挥搅拌机的效能。

四、混凝土的运输

（一）混凝土运输的要求

运输中的全部时间不应超过混凝土的初凝时间。

运输中应保持匀质性，不应产生分层离析现象，不应漏浆；运至浇筑地点应具有规定的坍落度，并保证混凝土在初凝前能有充分的时间进行浇筑。

混凝土的运输道路要求平坦，应以最少的运转次数、最短的时间从搅拌地点运至浇筑地点。

（二）运输工具的选择

混凝土运输分地面水平运输、垂直运输和楼面水平运输等三种。

地面运输时，短距离多用双轮手推车、机动翻斗车，长距离宜用自卸汽车、混凝土搅拌运输车。

垂直运输可采用各种井架、龙门架和塔式起重机作为垂直运输工具。对于浇筑量大、浇筑速度比较稳定的大型设备基础和高层建筑，宜采用混凝土泵，也可采用自升式塔式起重机或爬升式塔式起重机运输。

（三）泵送混凝土

混凝土用混凝土泵运输，通常称为泵送混凝土。常用的混凝土泵有液压柱塞泵和挤压泵两种。

1. 液压柱塞泵

它是利用柱塞的往复运动将混凝土吸入和排出。

混凝土输送管有直管、弯管、锥形管和浇筑软管等，一般由合金钢、橡胶、塑料等材料制成，常用混凝土输送管的管径为 100~150mm。

2. 泵送混凝土对原材料的要求

（1）粗骨料：碎石最大粒径与输送管内径之比不宜大于 1∶3；卵石不宜大于 1∶2.5。

（2）砂：以天然砂为宜，砂率宜控制在 40%~50%，通过 0.315 mm 筛孔的砂不少于 15%。

（3）水泥：最少水泥用量为 300 kg/m³，坍落度宜为 80~180 mm，混凝土内宜适量掺入外加剂。泵送轻骨料混凝土的原材料选用及配合比，应通过试验确定。

（四）泵送混凝土施工中应注意的问题

输送管的布置宜短直，尽量减少弯管数，转弯宜缓，管段接头要严密，少用锥形管。

混凝土的供料应保证混凝土泵能连续工作，不间断；正确选择骨料级配，严格控制配合比。

泵送前，为减少泵送阻力，应先用适量与混凝土内成分相同的水泥浆或水泥砂浆润滑输送管内壁。

泵送过程中，泵的受料斗内应充满混凝土，防止吸入空气形成阻塞。

防止停歇时间过长，若停歇时间超过 45 min，应立即用压力或其他方法冲洗管内残留的混凝土；泵送结束后，要及时清洗泵体和管道；用混凝土泵浇筑的建筑物，要加强养护，防止龟裂。

五、混凝土的浇筑与振捣

（一）混凝土浇筑前的准备工作

混凝土浇筑前，应对模板、钢筋、支架和预埋件进行检查。检查模板的位置、标高、尺寸、强度和刚度是否符合要求，接缝是否严密，预埋件位置和数量是否符合图纸要求。

检查钢筋的规格、数量、位置、接头和保护层厚度是否正确；清理模板上的垃圾和钢筋上的油污，浇水湿润木模板；填写隐蔽工程记录。

（二）混凝土的浇筑

1. 混凝土浇筑的一般规定

混凝土浇筑前不应发生离析或初凝现象，如已发生，须重新搅拌。混凝土运至现场后，其坍落度应满足表 3-1 的要求。

表 3-1　混凝土浇筑时的坍落度

结构种类	坍落度/mm
基础或地面的垫层、无配筋的大体积结构（挡土墙、基础等）或配筋稀疏的结构	10~30
板、梁和大型及中型截面的柱子等	30~50
配筋密列的结构（薄壁、斗仓、筒仓、细柱等）	50~70
配筋特密的结构	70~90

混凝土自高处倾落时，其自由倾落高度不宜超过 2 m；若混凝土自由下落高度超过 2 m，应设串筒、斜槽、溜管或振动溜管等。

混凝土的浇筑工作，应尽可能连续进行。混凝土的浇筑应分段、分层连续进行，随浇随捣。在竖向结构中浇筑混凝土时，不得发生离析现象。

2. 施工缝的留设与处理

如果由于技术或施工组织上的原因，不能对混凝土结构一次连续浇筑完毕，而必须停歇较长的时间，其停歇时间已超过混凝土的初凝时间，致使混凝土已初凝；当继续浇混凝土时，形成了接缝，即为施工缝。

（1）施工缝的留设位置

施工缝设置的原则，一般宜留在结构受力（剪力）较小且便于施工的部位。

柱子的施工缝宜留在基础与柱子交接处的水平面上，或梁的下面，或吊车梁牛腿的下面、吊车梁的上面、无梁楼盖柱帽的下面。

高度大于 1 m 的钢筋混凝土梁的水平施工缝，应留在楼板底面下 20~30 mm 处，当板下有梁托时，留在梁托下部；单向平板的施工缝，可留在平行于短边的任何位置处；对于有主次梁的楼板结构，宜顺着次梁方向浇筑，施工缝应留在次梁跨度的中间 1/3 范围内。

（2）施工缝的处理

施工缝处继续浇筑混凝土时，应待混凝土的抗压强度不小于 1.2 MPa 方可进行。

施工缝浇筑混凝土之前，应除去施工缝表面的水泥薄膜、松动石子和软弱的混凝土层，并加以充分湿润和冲洗干净，不得有积水。

浇筑时，施工缝处宜先铺水泥浆（水泥∶水＝1∶0.4），或与混凝土成分相同的水泥砂浆一层，厚度为30~50 mm，以保证接缝的质量。浇筑过程中，施工缝应细致捣实，使其紧密结合。

3. 混凝土的浇筑方法

（1）多层钢筋混凝土框架结构的浇筑

浇筑框架结构首先要划分施工层和施工段，施工层一般按结构层划分，而每一施工层的施工段划分，则要考虑工序数量、技术要求、结构特点等。

混凝土的浇筑顺序：先浇捣柱子，在柱子浇捣完毕后，停歇1~1.5 h，使混凝土达到一定强度后，再浇捣梁和板。

（2）大体积钢筋混凝土结构的浇筑

大体积钢筋混凝土结构多为工业建筑中的设备基础及高层建筑中厚大的桩基承台或基础底板等。

特点是混凝土浇筑面和浇筑量大，整体性要求高，不能留施工缝，以及浇筑后水泥的水化热量大且聚集在构件内部，形成较大的内外温差，易造成混凝土表面产生收缩裂缝等。

为保证混凝土浇筑工作连续进行，不留施工缝，应在下一层混凝土初凝之前，将上一层混凝土浇筑完毕。要求混凝土按不小于下述的浇筑量进行浇筑：

$$Q = \frac{FH}{T} \tag{3-2}$$

式中：Q ——混凝土最小浇筑量，m^3/h。

　　　F ——混凝土浇筑区的面积，m^3。

　　　H ——浇筑层厚度，m。

　　　T ——下层混凝土从开始浇筑到初凝所容许的时间间隔，h。

大体积钢筋混凝土结构的浇筑方案，一般分为全面分层、分段分层和斜面分层三种。

全面分层：在第一层浇筑完毕后，再回头浇筑第二层，如此逐层浇筑，直至完工为止。分段分层：混凝土从底层开始浇筑，进行2~3m后再回头浇第二层，同样依次浇筑各层。斜面分层：要求斜坡坡度不大于1/3，适用于结构长度大大超过厚度3倍的情况。

（三）混凝土的振捣

振捣方式分为人工振捣和机械振捣两种。

1. 人工振捣

利用捣锤或插钎等工具的冲击力来使混凝土密实成型，其效率低、效果差。

2. 机械振捣

将振动器的振动力传给混凝土，使之发生强迫振动而密实成型，其效率高、质量好。混凝土振动机械按其工作方式分为内部振动器、表面振动器、外部振动器和振动台等，振动器因离心力的作用而振动。

（1）内部振动器

内部振动器又称插入式振动器。适用于振捣梁、柱、墙等构件和大体积混凝土。

插入式振动器操作要点：

插入式振动器的振捣方法有两种：一是垂直振捣，即振动棒与混凝土表面垂直；二是斜向振捣，即振动棒与混凝土表面成 40°~45°。

振捣器的操作要做到快插慢拔，插点要均匀，逐点移动，顺序进行，不得遗漏，达到均匀振实。振动棒的移动，可采用行列式或交错式。

混凝土分层浇筑时，应将振动棒上下来回抽动 50~100 mm；同时，还应将振动棒深入下层混凝土中 50 mm 左右。

使用振动器时，每一振捣点的振捣时间一般为 20~30 s。不允许将其支承在结构钢筋上或碰撞钢筋，不宜紧靠模板振捣。

（2）表面振动器

表面振动器又称平板振动器，是将电动机轴上装有左右两个偏心块的振动器固定在一块平板上而成。其振动作用可直接传递于混凝土面层上。

这种振动器适用于振捣楼板、空心板、地面和薄壳等薄壁结构。

（3）外部振动器

外部的振动器又称附着式振动器，它是直接安装在模板上进行振捣，利用偏心块旋转时产生的振动力通过模板传给混凝土，达到振实的目的。

适用于振捣断面较小或钢筋较密的柱子、梁、板等构件。

（4）振动台

振动台一般在预制厂用于振实干硬性混凝土和轻骨料混凝土。

宜采用加压振动的方法，加压力为 1~3kN/m²。

六、混凝土的养护

混凝土的凝结硬化是水泥水化作用的结果，而水泥水化作用必须在适当的温度和湿度条件下才能进行。混凝土的养护，就是使混凝土保持一定的温度和湿度，而逐渐硬化。混凝土养护分自然养护和人工养护。自然养护就是在常温（平均气温不低于 5℃）下，用浇水或保水方法使混凝土在规定的期间内有适宜的温湿条件进行硬化。人工养护就是人工控制混凝土的温度和湿度，使混凝土强度增长，如蒸汽养护、热水养护、太阳能养护等，现浇结构多采用自然养护。

混凝土自然养护，是对已浇筑完毕的混凝土，加以覆盖和浇水，并应符合下列规定：应在浇筑完毕后的 12 d 以内对混凝土加以覆盖和浇水；混凝土浇水养护的时间，对采用硅酸盐水泥、普通硅酸盐水泥或矿渣硅酸盐水泥拌制的混凝土，不得少于 7d，对掺用缓凝型外加剂或有抗渗性要求的混凝土，不得少于 14d；浇水次数应能保持混凝土处于湿润状态；混凝土的养护用水应与拌制用水相同。

对不易浇水养护的高耸结构、大面积混凝土或缺水地区，可在已凝结的混凝土表面喷涂塑性溶液，等溶液挥发后，形成塑性模，使混凝土与空气隔绝，阻止水分蒸发，以保证水化作用正常进行。

对地下建筑或基础，可在其表面涂刷沥青乳液，以防混凝土内水分蒸发。已浇筑的混凝土，强度达到 1.2 N/mm^2 后，方允许在其上往来人员，进行施工操作。

七、混凝土的质量检查与缺陷防治

（一）混凝土的质量检查

混凝土质量检查包括施工过程中的质量检查和养护后的质量检查。

1. 混凝土在拌制和浇筑过程中的质量检查

混凝土在拌制和浇筑过程中应按下列规定进行检查：

第一，检查拌制混凝土所用原材料的品种、规格和用量，每一工作班至少两次。混凝土拌制时，原材料每盘称量的偏差，不得超过国定范围的偏差。

第二，检查混凝土在浇筑地点的坍落度，每一工作班至少两次；当采用预拌混凝土时，应在商定的交货地点进行坍落度检查。

第三，在每一个工作班内，当混凝土配合比由于外界影响而发生变动时，应及时检查调整。

第四，混凝土的搅拌时间应随时检查，是否满足规定的最短搅拌时间要求。

2. 检查预拌混凝土厂家提供的技术资料

如果使用商品混凝土，应检查混凝土厂家提供的下列技术资料：

第一，水泥品种、标号及每立方米混凝土中的水泥用量。

第二，骨料的种类和最大粒径。

第三，外加剂、掺和料的品种及掺量。

第四，混凝土强度等级和坍落度。

第五，混凝土配合比和标准试件强度。

第六，对轻骨料混凝土尚应提供其密度等级。

3. 混凝土质量的试验检查

检查混凝土质量应进行抗压强度试验。对有抗冻、抗渗要求的混凝土，尚应进行抗冻性、抗渗性等试验。

用于检查结构构件混凝土质量的试件，应在混凝土的浇筑地点随机取样制作。试件的留置应符合下列规定。

第一，每拌制 100 盘且不超过 100m³ 的同配合比混凝土，取样不得少于一次。

第二，每工作班拌制的同配合比的混凝土不足 100 盘时，取样不得少于一次。

第三，对现浇混凝土结构，每一现浇楼层同配合比的混凝土取样不得少于一次；同一单位工程每一验收项目中同配合比的混凝土取样不得少于一次。

混凝土取样时，均应做成标准试件（即边长为 150 mm 标准尺寸的立方体试件），每组三个试件应在同盘混凝土中取样制作，并在标准条件下（温度 20±3/℃，相对湿度为 90%以上），养护至 28 d 龄期，按标准试验方法，测得混凝土立方体抗压强度。取三个试件强度的平均值作为该组试件的混凝土强度代表值；或者当三个试件强度中的最大值或最小值之一与中间值之差超过中间值的 15% 时，取中间值作为该组试件的混凝土强度的代表值；当三个试件强度中的最大值和最小值与中间值之差均超过中间值的 15%，该组试件不应作为强度评定的依据。

4. 现浇混凝土结构的允许偏差检查

现浇混凝土结构的允许偏差，应符合规定；当有专门规定时，尚应符合相应的规定。

混凝土表面外观质量要求：不应有蜂窝、麻面、孔洞、露筋、缝隙及夹层、缺棱掉角和裂缝等。

（二）现浇湿混凝土结构质量缺陷及产生原因

现浇结构的外观质量缺陷，应由监理（建设）单位、施工单位等各方根据其对结构性能和使用功能影响的严重程度，按表 3-2 确定。

表 3-2　现浇结构的外观质量缺陷

名称	现象	严重缺陷	一般缺陷
露筋	构件内钢筋未被混凝土包裹而外露	纵向受力钢筋有露筋	其他钢筋有少量露筋

名称	现象	严重缺陷	一般缺陷
蜂窝	混凝土表面缺少水泥砂浆而形成石子外露	构件主要受力部位有蜂窝	其他部位有少量蜂窝
孔洞	混凝土中孔穴深度和长度均超过保护层厚度	构件主要受力部位有孔洞	其他部位有少量孔洞
夹渣	混凝土中夹有杂物且深度超过保护层厚度	构件主要受力部位有夹渣	其他部位有少量夹渣
疏松	混凝土中局部不密实	构件主要受力部位有疏松	其他部位有少量疏松
裂缝	缝隙从混凝土表面延伸至混凝土内部	构件主要受力部位有裂缝影响结构性能	其他部位有少量裂缝不影响结构性能
连接部位缺陷	构件连接处混凝土缺陷及连接钢筋、连接件松动	连接部位有影响结构传力性能的缺陷	基本不影响结构传力性能的缺陷
外形缺陷	缺棱掉角、棱角不直、翘曲不平、飞边凸肋等	清水混凝土构件有影响使用功能的外形缺陷	有不影响使用功能的外形缺陷
外表缺陷	构件表面麻面、掉皮、起砂、沾污等	具有重要装饰效果的清水混凝土构件有外表缺陷	其他有不影响使用功能的外表缺陷

混凝土质量缺陷产生的原因主要如下：

蜂窝：由于混凝土配合比不准确，浆少而石子多，或搅拌不均造成砂浆与石子分离，或浇筑方法不当，或振捣不足，以及模板严重漏浆。

麻面：模板表面粗糙不光滑，模板湿润不够，接缝不严密，振捣时发生漏浆。

露筋：浇筑时垫块位移，甚至漏放，钢筋紧贴模板，或者因混凝土保护层处漏振或振捣不密实而造成露筋。

孔洞：混凝土结构内存在空隙，砂浆严重分离，石子成堆，砂与水泥分离。另外，有泥块等杂物掺入也会形成孔洞。

缝隙和薄夹层：主要是混凝土内部处理不当的施工缝、温度缝和收缩缝，以及混凝土内有外来杂物而造成的夹层。

裂缝：构件制作时受到剧烈振动，混凝土浇筑后模板变形或沉陷，混凝土表面水分蒸发过快，养护不及时等，以及构件堆放、运输、吊装时位置不当或受到碰撞。

产生混凝土强度不足的原因是多方面的，主要是由于混凝土配合比设计、搅拌、现场浇捣和养护等四个方面的原因造成的。

配合比设计方面：有时不能及时测定水泥的实际活性，影响了混凝土配合比设计的正确性；另外，套用混凝土配合比时选用不当及外加剂用量控制不准等，都有可能导致混凝土强度不足分离，或浇筑方法不当，或振捣不足，以及模板严重漏浆。

搅拌方面：任意增加用水量，配合比称料不准，搅拌时颠倒加料顺序及搅拌时间过短等造成搅拌不均匀，导致混凝土强度降低。

现场浇捣方面：主要是施工中振捣不实，以及发现混凝土有离析现象时，未能及时采取有效措施来纠正。

养护方面：主要是不按规定的方法、时间对混凝土进行妥善的养护，以致造成混凝土强度降低。

（三）混凝土质量缺陷的防治与处理

1. 表面抹浆修补

对数量不多的小蜂窝、麻面、露筋、露石的混凝土表面，主要是保护钢筋和混凝土不受侵蚀，可用 1∶2.5~1∶2 水泥砂浆抹面修整。

2. 细石混凝土填补

当蜂窝比较严重或露筋较深时，应取掉不密实的混凝土，用清水洗净并充分湿润后，再用比原强度等级高一级的细石混凝土填补并仔细捣实。

3. 水泥灌浆与化学灌浆

对于宽度大于 0.5 mm 的裂缝，宜采用水泥灌浆；对于宽度小于 0.5 mm 的裂缝，宜采用化学灌浆。

第四章　防水工程

第一节　地下防水工程

一、地下防水工程概述

地下防水工程是防止地下水对地下构筑物或建筑物基础的长期浸透，保证地下构筑物或地下室使用功能正常发挥的一项重要工程。根据防水标准，地下防水分为 4 个等级。其中建筑物的地下室多为一级、二级防水，即达到"不允许渗水，结构表面无湿渍"和"不允许漏水，结构表面可有少量湿渍"的标准。

（一）地下防水方案

地下工程的防水方案，应根据使用要求、自然环境条件及结构形式等因素确定。对仅有上层滞水且防水要求较高的工程，应采用"以防为主、防排结合"的方案。在有较好的排水条件或防水质量难于保证的情况下，应优先考虑"排水"方案，而大量工程则为"防水"方案。常采用的排水方法有盲沟法和渗排水层法。采用防水方法时，其防水构造应根据工程的防水等级，采取一道、二道或多道设防。

（二）地下防水施工的特点

1. 质量要求高

地下防水构造长期处于动水压力和静水压力作用下，而大多数工程不允许渗水甚至不允许出现湿渍。因而要在材料选择与检验、基层处理、防水施工、细部处理及检查、成品保护等各个环节精心组织、严格把关。

2. 施工条件差

地下防水常须在基坑内露天作业，往往受到地下水、地面水及气候变化的影响。施工期间应认真做好降水、排水、截水工作，保持边坡稳定，并选择好天气尽快施工。

3. 材料品种多，质量、性能差异大

防水材料的品种较多，性能差异很大，即便是同种材料，不同厂家间的质量、性能差距也较大。因此，所用防水材料除应有相应的质量证明外，还须抽样复检。

4. 成品保护难

地下防水层施工往往伴随整个地下工程，敞露或拖延时间较长；而卷材或涂膜层厚度小、强度低、易损坏。因此，除应做好保护层外，还应在支拆模板、绑扎安装钢筋、浇筑混凝土、砌墙以至回填等各个施工过程中注意保护，以确保防水效果。

5. 薄弱部位多

结构变形缝、混凝土施工缝、后浇缝、穿墙管道、穿墙螺栓、预埋铁件、预留孔洞、阴阳角等均为防水薄弱部位。除应按防水构造要求做好细部处理外，还应严格对隐蔽工程在隐蔽前进行的检查，做好施工中的保护和施工后的处理。

（三）地下防水施工应注意的事项

第一，杜绝防水层对水的吸附和毛细渗透。

第二，接缝严密，形成封闭的整体。

第三，消除所留孔洞造成的渗漏。

第四，防止不均匀沉降而拉裂防水层。

第五，防水层须做至可能渗漏范围以外。

（四）防水混凝土结构的施工

防水混凝土结构是指以本身的密实性而具有一定防水能力的整体式混凝土或钢筋混凝土结构。它兼有承重、围护和抗渗的功能，还可满足一定的耐冻融及耐侵蚀要求。

1. 防水混凝土的种类

防水混凝土一般分为普通防水混凝土、外加剂防水混凝土和膨胀水泥防水混凝土三种。

普通防水混凝土是以调整和控制配合比的方法，以达到提高密实度和抗渗性要求的一种混凝土。

外加剂防水混凝土是指用掺入适量外加剂的方法，改善混凝土内部组织结构，以增加密实性、提高抗渗性的混凝土。按所掺外加剂种类的不同可分减水剂防水混凝土、加气剂防水混凝土、三乙醇胺防水混凝土、氯化铁防水混凝土等。

膨胀水泥防水混凝土是指用膨胀水泥为胶结料配制而成的防水混凝土。

不同类型的防水混凝土具有不同特点，应根据使用要求加以选择。

2. 防水混凝土施工

防水混凝土结构工程质量的优劣，除取决于合理的设计、材料的性质及配合成分以外，还取决于施工质量的好坏。因此，对施工中的各主要环节，如混凝土搅拌、运输、浇筑、振捣、养护等，均应严格遵循施工及验收规范和操作规程的各项规定进行施工。

防水混凝土所用模板，除满足一般要求外，应特别注意模板拼缝严密，支撑牢固。在浇筑防水混凝土前，应将模板内部清理干净。如若两侧模板须用对拉螺栓固定时，应在螺栓或套管中间加焊止水环，螺栓加堵头。

钢筋不得用钢丝或铁钉固定在模板上，必须采用相同配合比的细石混凝土或砂浆块做垫块，并确保钢筋保护层厚度符合规定，不得有负误差。如结构内设置的钢筋确须用铁丝绑扎时，均不得接触模板。

防水混凝土的配合比应通过试验选定。选定配合比时，应按设计要求的抗渗标号提高 0.2 MPa。防水混凝土的抗渗等级不得小于 S6，所用水泥的强度等级不低于 32.5 级，石子的粒径宜为 5~40 mm，宜采用中砂，防水混凝土可根据抗裂要求掺入钢纤维或合成纤维，其掺和料、外加剂的掺量应经试验确定，其水灰比不大于 0.55。地下防水工程所使用的防水材料应有产品合格证书和性能检测报告，材料的品种、规格、性能等应符合现行国家产品标准和设计要求，不合格的材料不得在工程中使用。配制防水混凝土要用机械搅拌，先将砂、石、水泥一次倒入搅拌筒内搅拌 0.5~1.0 min，再加水搅拌 1.5~2.5 min。如掺外加剂应最后加入，外加剂必须先用水稀释均匀，掺外加剂防水混凝土的搅拌时间应根据外加剂的技术要求确定。厚度大于或等于 250 mm 的结构，混凝土坍落度宜为 10~30 mm；厚度小于 250 mm 或钢筋稠密的结构，混凝土坍落度宜为 30~50 mm。拌好的混凝土应在 0.5 h 内运至现场，于初凝前浇筑完毕，如运距较远或气温较高时，宜掺缓凝减水剂。防水混凝土拌和物在运输后，如出现离析，必须进行二次搅拌，当坍落度损失后，不能满足施工要求时，应加入原水灰比的水泥浆或二次掺减水剂进行搅拌，严禁直接加水。混凝土浇筑时应分层连续浇筑，其自由倾落高度不得大于 1.5 m。混凝土应用机械振捣密实，振捣时间为 10~30 s，以混凝土开始泛浆和不冒气泡为止，并避免漏振、欠振和超振。混凝土振捣后，须用铁锹拍实，等混凝土初凝后用铁抹子压光，以增加表面致密性。

防水混凝土应连续浇筑，尽量不留或少留施工缝。当必须留设施工缝时，宜留在下列部位：墙体水平施工缝不应留在剪力与弯矩最大处或底板与侧墙的交接处，应留在高出底板表面不小于 300 mm 的墙体上；拱（板）墙结合的水平施工缝，宜留在拱（板）墙接缝线以下 150~300 mm 处；墙体有预留孔洞时，施工缝距孔洞边缘不应小于 300 mm；垂直施工缝应避开地下水和裂隙水较多的地段，并宜与变形缝相结合。

施工缝浇灌混凝土前，应将其表面浮浆和杂物清除干净，先铺净浆，再铺 30~50 mm 厚的 1:1 水泥砂浆或涂刷混凝土界面处理剂，并及时浇灌混凝土，垂直施工缝可不铺水泥砂浆，选用的遇水膨胀止水条，应牢固地安装在缝表面或预留槽内，且该止水条应具有缓胀性能，其 7 d 的膨胀率不应大于最终膨胀率的 60%，如采用中埋式止水带时，应位置准确，固定牢靠。

防水混凝土终凝后（一般浇后 4~6 h），即应开始覆盖浇水养护，养护时间应在 14 d 以上，冬季施工混凝土入模温度不应低于 5℃，宜采用综合蓄热法、蓄热法、暖棚法等养护方法，并应保持混凝土表面湿润，防止混凝土早期脱水，如采用掺化学外加剂方法施工时，能降低水溶液的冰点，使混凝土在低温下硬化，但要适当延长混凝土搅拌时间，振捣要密实，还要采取保温保湿措施。不宜采用蒸汽养护和电热养护，地下构筑物应及时回填分层夯实，以避免由于干缩和温差产生裂缝。防水混凝土结构必须在混凝土强度达到设计强度 40% 以上时方可在其上面继续施工，达到设计强度 70% 以上时方可拆模。拆模时，混凝土表面温度与环境温度之差，不得超过 15℃，以防混凝土表面出现裂缝。

防水混凝土浇筑后严禁打洞，因此，所有的预留孔和预埋件在混凝土浇筑前必须埋设准确。对防水混凝土结构内的预埋铁件、穿墙管道等防水薄弱之处，应采取措施，仔细施工。

拌制防水混凝土所用材料的品种、规格和用量，每工作班检查不应少于两次，混凝土在浇筑地点的坍落度，每工作班至少检查两次，防水混凝土抗渗性能，应采用标准条件下养护混凝土抗渗试件的试验结果评定，试件应在浇筑地点制作。连续浇筑混凝土每 500 m³ 应留置一组抗渗试件，一组为 6 个试件，每项工程不得小于两组。

防水混凝土的施工质量检验，应按混凝土外露面积每 100m² 抽查 1 处，每处 10 m²，且不得少于 3 处，细部构造应全数检查。

防水混凝土的抗压强度和抗渗压力必须符合设计要求，其变形缝、施工缝、后浇带、穿墙管道、埋设件等设置和构造均要符合设计要求，严禁有渗漏。防水混凝土结构表面的裂缝宽度不应大于 0.2 mm，并且不得贯通，其结构厚度不应小于 250 mm，迎水面钢筋保护层厚度不应小于 50 mm。

二、水泥砂浆防水层施工

水泥砂浆防水层是一种刚性防水层，即在构筑物的底面和两侧分层涂抹一定厚度的水泥砂浆，利用砂浆本身的憎水性和密实性来达到抗渗防水的效果。但这种防水层抵抗变形能力差，故不适用于受振动荷载影响的工程或结构上易产生不均匀沉陷的工程，亦不适用于受腐蚀、高温及反复冻融的砖砌体工程。

常用的水泥砂浆防水层主要有刚性多层防水层、掺外加剂的防水砂浆防水层和膨胀水泥或无收缩性水泥砂浆防水层等类型。

（一）刚性多层防水层

刚性多层防水层是利用素灰和水泥砂浆分层交替抹压均匀密实，构成一个多层的整体防水层。这种防水层做在迎水面时，宜采用五层交叉抹面；做在背水面时，宜采用四层交叉抹面，即将第四层表面抹平压光即可。

具体做法：第一层、三层为素灰层，水灰比为 0.37~0.4，稠度为 70 mm 的水泥浆，其厚度为 2 mm，分两次抹压密实，主要起防水作用。第二层、四层为水泥砂浆层，配合比为 1：2.5（水泥：砂），水灰比为 0.6~0.65，稠度为 70~80 mm，每层厚度 4~5 mm。水泥砂浆层主要起着对素灰层的保护、养护和加固作用，同时也起一定的防水作用。第五层为水泥浆层，厚度为 1 mm，水灰比为 0.55~0.6，在第四层水泥砂浆抹压两遍后，用毛刷均匀涂抹水泥浆一道并随第四层一道压光。

接搓位置宜留在地面上，亦可留在墙面上，但均须离开阴阳角处 200 mm。

（二）掺外加剂的防水砂浆防水层

在普通水泥砂浆中掺入一定量的防水剂形成防水砂浆，防水剂与水泥水化作用而形成不溶性物质或憎水性薄膜，可填充填塞或封闭水泥砂浆中的毛细管道，提高其密实性，增强其抗渗能力。常用的防水剂有防水浆、避水浆、防水粉、氯化铁防水剂、硅酸钠防水剂等。以氯化铁防水砂浆防水层施工为例做一介绍。氯化铁防水砂浆防水层施工时，在清理好的基层上先刷水泥浆一道，然后分两次抹垫层的防水砂浆，其配合比为 1：2.5：0.3（水泥：砂：防水剂），水灰比为 0.45~0.5，其厚度为 12 mm，抹垫层防水砂浆后，一般隔 12 h 左右，再刷一道水泥浆，并随刷随抹面层防水砂浆，其配合比为 1：3：0.3（水泥：砂：防水剂），水灰比为 0.5~0.55，其厚度为 13 mm，也分两次抹。面层防水砂浆抹完后，在终凝前应反复多次抹压密实并压光。

（三）膨胀水泥或无收缩性水泥砂浆防水层

这种防水层主要是利用水泥膨胀和无收缩的特性来提高砂浆的密实性和抗渗性，其砂浆的配合比为 1：2.5（水泥：砂），水灰比为 0.4~0.5。涂抹方法与防水砂浆相同，但由于砂浆凝结快，故在常温下配制的砂浆必须在 1 h 内使用完毕。

当配制防水砂浆时，宜采用强度等级不低于 32.5 级的普通硅酸盐水泥、膨胀水泥、矿渣硅酸盐水泥；宜采用中砂或粗砂。基层表面要坚实、粗糙、平整、洁净。涂刷前基层应洒水湿润，以增强基层与防水层的黏结力。阴阳角均应做成圆弧或钝角。其半径一般为阳角 10 mm，阴角 50 mm。水泥砂浆防水层其高度均应至少超出室外地坪 150 mm。水泥砂浆防水层施工时，气温不应低于 5℃，掺用氯化物金属盐类防水剂及膨胀剂的防水砂浆，不应在 35℃ 以上或烈日照射下施工。防水层做完后，应立即进行养护，养护时的环境温度不宜低于 5℃，并应保持防水层湿润，养护时间不应少于 14 个昼夜。在负温或烈日暴晒下施工，防水层混凝土浇筑后，应及时养护，并保持湿润。补偿收缩混凝土防水层宜采用水养护，养护时间不得少于 14 个昼夜。

三、卷材防水层

地下卷材防水层是一种柔性防水层，是用沥青胶将几层卷材粘贴在地下结构基层的表面上而形成的多层防水层，它具有较好的防水性和良好的韧性，能适应结构的振动和微小变形，并能抵抗酸、碱、盐溶液的侵蚀，但卷材吸水率大，机械强度低，耐久性差，发生渗漏后难以修补。因此，卷材防水层只适用于形式简单的整体钢筋混凝土结构基层和以水泥砂浆、沥青砂浆或沥青混凝土为找平层的基层。

（一）卷材及胶结材料的选择

地下卷材防水层宜采用耐腐蚀的卷材和玛蹄脂，如胶油沥青卷材、沥青玻璃布卷材、再生胶卷材等。耐酸玛蹄脂应采用角闪石棉、辉绿岩粉、石英粉或其他耐酸的矿物质粉为填充料；耐碱玛蹄脂应采用滑石粉、温石棉、石灰石粉、白云石粉或其他耐碱的矿物质粉为填充料。铺贴石油沥青卷材必须用石油沥青胶结材料，铺贴胶油沥青卷材必须用胶油沥青胶结材料。防水层所用的沥青，其软化点应比基层及防水层周围介质可能达到的最高温度高出 20~25℃ 且不低于 40℃。沥青胶结材料的加热温度、使用温度及冷底子油的配制方法参见屋面防水部分。

（二）卷材的铺贴方案

将卷材防水层铺贴在地下需防水结构的外表面时，称为外防水。此种施工方法，可以借助土压力压紧，并可与承重结构一起抵抗有压地下水的渗透和侵蚀作用，防水效果好。外防水的卷材防水层铺贴方式，按其与防水结构施工的先后顺序，可分为外防外贴法和外防内贴法两种。

1. 外防外贴法

外防外贴法是在垫层上先铺贴好底板卷材防水层，进行地下防水结构的混凝土底板与墙体施工，待墙体侧模拆除后，再将卷材防水层直接铺贴在墙面上，然后砌筑保护墙。外防外贴法的施工顺序是先在混凝土底板垫层上做1：3的水泥砂浆找平层，待其干燥后，再铺贴底板卷材防水层，并在四周伸出与墙身卷材防水层搭接。保护墙分为两部分，下部为永久性保护墙，高度不小于B+100mm（B为底板厚度）；上部为临时保护墙，高度一般为300 mm，用石灰砂浆砌筑，以便拆除。保护墙砌筑完毕后，再将伸出的卷材搭接接头临时贴在保护墙上，然后进行混凝土底板与墙身施工。墙体拆模后，在墙面上抹水泥砂浆找平层并刷冷底子油，再将临时保护墙拆除，找出各层卷材搭接接头，并将其表面清理干净。此处卷材应错槎接缝，依次逐层铺贴，最后砌筑永久性保护墙。

2. 外防内贴法

外防内贴法是在垫层四周先砌筑保护墙，然后将卷材防水层铺贴在垫层与保护墙上，最后进行地下需防水结构的混凝土底板与墙体施工。外防内贴法的施工是先在混凝土底板垫层四周砌筑永久性保护墙，在垫层表面上及保护墙内表面上抹1：3水泥砂浆找平层，待其基本干燥并满涂冷底子油后，沿保护墙及底板铺贴防水卷材。铺贴完毕后，在立面上，应在涂刷防水层最后一道沥青胶时，趁热粘上干净的热砂或散麻丝，待其冷却后，立即抹一层10~20 mm厚的1：3水泥砂浆保护层；在平面上铺设一层30~50 mm厚的1：3水泥砂浆或细石混凝土保护层，最后再进行需防水结构的混凝土底板和墙体施工。

内贴法与外贴法相比，其优点：卷材防水层施工较简便，底板与墙体防水层可一次铺贴完，不必留接槎，施工占地面积较小。但也存在着结构不均匀沉降对防水层影响大，易出现渗漏水现象，竣工后出现渗漏水修补较难等缺点。工程上只有当施工条件受限时，才采用内贴法施工。

（三）卷材防水层的施工

铺贴卷材的基层必须牢固，无松动现象，基层表面应平整洁净，阴阳角处均应做成圆弧形或钝角。卷材铺贴前，宜使基层表面干燥，在平面上铺贴卷材时，若基层表面干燥有困难，则第一层卷材可用沥青胶结材料铺贴在潮湿的基层上，但应使卷材与基层贴紧。必要时卷材层数应比设计增加一层。在立面上铺贴卷材时，为提高卷材与基层的黏结，基层表面应涂满冷底子油，待冷底子油干燥后再铺贴。铺贴卷材时，每层沥青胶涂刷应均匀，其厚度一般为1.5~2.5 mm。外贴法铺贴卷材应先铺平面，后铺立面，平立面交接处应交叉搭接；内贴法宜先铺立面，后铺平面。铺贴立面卷材时，应先铺转角后铺大面。卷材的搭接长度要求，长边不应小于100 mm，短边不应小于150 mm。上下两层和相邻两幅卷材的接缝应相互错开1/3幅宽，并不得相互垂直铺贴。在平面与立面的转角处，卷材的接缝应留在平面上距离立面不小于 600 mm 处。所有转角处均应铺贴附加层。附加层可用两层同样的卷材或一层抗拉强度较高的卷材。附加层应按加固处的形状仔细粘贴紧密，卷材与基层、卷材与卷材间必须粘贴紧密，多余的沥青胶结材料应挤出，搭接缝必须用沥青胶仔细封严。最后一层卷材铺贴好后，应在其表面上均匀地涂刷一层厚为 1~1.5 mm 的热沥青胶结材料。

四、涂膜防水层

地下工程常用的防水涂料主要有沥青基防水涂料和高聚物改性沥青防水涂料等。这里以水乳型再生橡胶沥青防水涂料为例做介绍。

水乳型再生橡胶沥青防水涂料是以沥青、橡胶和水为主要材料，掺入适量的增塑剂及抗老化剂，采用乳化工艺制成的。其黏结、柔韧、耐寒、耐热、防水、抗老化能力等均优于纯沥青和沥青胶，并具有质量轻、无毒、无味、不易燃烧、冷施工等特点。而且操作简便，不污染环境，经济效益好，与一般卷材防水层相比可节约造价 30%，还可在较潮湿的基层上施工。

水乳型再生橡胶沥青防水涂料由水乳型 A 液和 B 液组成，A 液为再生胶乳液，呈漆黑色，细腻均匀，稠度大，黏性强，密度约为 1.1 g/cm³。B 液为液化沥青，呈浅黑黄色，水分较多，黏性较差，密度约为 1.04 g/cm³。当两种溶液按不同配合比（质量比）混合时，其混合料的性能各不相同。若混合料中沥青成分居多时，则可减少橡胶与沥青之间的内聚力，其黏结性、涂刷性和浸透性能良好，此时施工配合比可采用 A 液∶B 液 = 1∶2；若混合料中橡胶成分居多时，则具有较高的抗裂性和抗老化能力，此时施工配合比可采用 A 液∶B 液 = 1∶1。因此，配料时，应根据防水层的不同要求，采用不同的施工配合比。水乳型再生橡胶沥青防水涂料既可单独涂布形成防水层，也可衬贴玻璃丝布作为防水层。当地下水压不大时做防水层或地下水压较大时做加强层，可采用"二布三油一砂"做法；当在地下水位以上做防水层或防潮层，可采用"一布二油一砂"做法。铺贴顺序为先铺附加层和立面，再铺平面；先铺贴细部，再铺贴大面。其施工方法与卷材防水层施工方法相似，适用于屋面、墙体、地面、地下室等部位及设备管道防水防潮、嵌缝补漏、防渗防腐工程。

五、地下防水工程渗漏及防治方法

地下防水工程，常常由于设计考虑不周，选材不当或施工质量差而造成渗漏，直接影响生产和使用。渗漏水易发生的部位主要在施工缝、蜂窝麻面、裂缝、变形缝及穿墙管道等处。渗漏水的形式主要有孔洞漏水、裂缝漏水、防水面渗水或是上述几种渗漏水的综合。因此，堵漏前必须先查明其原因，确定其位置，弄清水压大小，然后根据不同情况采取不同的防治措施。

（一）渗漏部位及原因

1. 防水混凝土结构渗漏的部位及原因

由于模板表面粗糙或清理不干净，模板浇水湿润不够，脱模剂涂刷不均匀，接缝不严，振捣混凝土不密实等原因，致使混凝土出现蜂窝、孔洞、麻面而引起渗漏。墙板和底板及墙板与墙板间的施工缝处理不当而造成地下水沿施工缝渗入。由于混凝土中砂石含泥量大，养护不及时等，产生干缩和温度裂缝而造成渗漏。混凝土内的预埋件及管道穿墙处未做认真处理而致使地下水渗入。

2. 卷材防水层渗漏部位及原因

由于保护墙和地下工程主体结构沉降不同，致使粘在保护墙上的防水卷材被撕裂而造成漏水。卷材的压力和搭接接头宽度不够，搭接不严，结构转角处卷材铺贴不严实，后浇或后砌结构时卷材被破坏，或由于卷材韧性较差，结构不均匀沉降而造成卷材被破坏，也会产生渗漏，另外还有管道处的卷材与管道黏结不严，出现张口翘边现象而引起渗漏。

3. 变形缝处渗漏原因

止水带固定方法不当，埋设位置不准确或在浇筑混凝土时被挤动，止水带两翼的混凝土包裹不严，特别是底板止水带下面的混凝土振捣不实；钢筋过密，浇筑混凝土时下料和振捣不当，造成止水带周围骨料集中、混凝土离析，产生蜂窝、麻面；混凝土分层浇筑前，止水带周围的木屑杂物等未清理干净，混凝土中形成薄弱的夹层，均会造成渗漏。

（二）堵漏技术

堵漏技术就是根据地下防水工程特点，针对不同程度的渗漏水情况，选择相应的防水材料和堵漏方法，进行防水结构渗漏水处理。当拟定处理渗漏水措施时，应本着将大漏变小漏，片漏变孔漏，线漏变点漏，使漏水部位汇集于一点或数点，最后堵塞的方法进行。

对防水混凝土工程的修补堵漏，通常采用的方法是用促凝剂和水泥拌制而成的快凝水泥胶浆进行快速堵漏或大面积修补。近年来，采用膨胀水泥（或掺膨胀剂）作为防水修补材料，其抗渗堵漏效果更好。对混凝土的微小裂缝，则采用化学灌浆堵漏技术。快凝水泥胶浆堵漏法如下操作：

1. 堵漏材料

（1）促凝剂。促凝剂是以水玻璃为主，并与硫酸铜、重铬酸钾及水配制而成。配制时按配合比先把定量的水加热至 100 ℃，然后将硫酸铜和重铬酸钾倒入水中，继续加热并不断搅拌至完全溶解后，冷却至 30~40℃，再将此溶液倒入称量好的水玻璃液体中，搅拌均匀，静置 0.5 h 后就可使用。

（2）快凝水泥胶浆。快凝水泥胶浆的配合比是水泥：促凝剂为 1：0.6~1：0.5。由于这种胶浆凝固快（一般 1 min 左右就凝固），使用时注意随拌随用。

2. 堵漏方法

地下防水工程的渗漏水情况比较复杂，堵漏的方法也较多。因此，要因地制宜选用。常用的堵漏方法有堵塞法和抹面法。

（1）堵塞法。堵塞法适用于孔洞漏水或裂缝漏水时的修补处理。孔洞漏水常用直接堵塞法和下管堵漏法。直接堵塞法适用于水压不大，漏水孔洞较小。操作时，先将漏水孔洞处剔槽，槽壁必须与基面垂直，并用水刷洗干净，随即将配制好的快凝水泥胶浆捻成与槽尺寸相近的锥形团，当胶浆开始凝固时，迅速压入槽内，并挤压密实，保持半分钟左右即可。当水压力较大，漏水孔洞较大时，可采用下管堵漏法。孔洞堵塞好后，在胶浆表面抹素灰一层，砂浆一层，以做保护。待砂浆有一定的强度后，将胶管拔出，按直接堵塞法将管孔堵塞。最后拆除挡水墙，再做防水层。裂缝漏水的处理方法有裂缝直接堵塞法和下绳堵漏法。裂缝直接堵塞法适用于水压较小的裂缝漏水，操作时，沿裂缝剔成"八"字形坡的沟槽，刷洗干净后，用快凝水泥胶浆直接堵塞，经检查无渗水，再做保护层和防水层。当水压力较大，裂缝较长时，可采用下绳堵漏法。

（2）抹面法。抹面法适用于较大面积的渗水面，一般先降低水压或降低地下水位，将基层处理好，然后用抹面法做刚性防水层修补处理。先在漏水严重处用凿子剔出半贯穿性孔眼，插入胶管将水导出。这样就使"片渗"变为"点漏"，在渗水面做好刚性防水层修补处理。待修补的防水层砂浆凝固后，拔出胶管，再按"孔洞直接堵塞法"将管孔堵填好。

第二节　屋面防水工程

一、卷材防水屋面

卷材防水屋面是目前屋面防水的一种主要方法，尤其是在重要的工业与民用建筑工程中，应用十分广泛。卷材防水屋面通常是采用胶结材料将沥青防水卷材、高聚物改性沥青防水卷材、合成高分子防水卷材等柔性防水材料粘成一整片能防水的屋面覆盖层。胶结材料取决于卷材的种类，若采用沥青卷材，则以沥青胶结材料做粘贴层，一般为热铺；若采用高聚物改性沥青防水卷材或合成高分子防水卷材，则以特制的胶黏剂做粘贴层，一般为冷铺。

（一）卷材防水屋面的构造

卷材防水屋面一般由结构层、隔汽层、保温层、找平层、防水层和保护层等组成。其中隔汽层和保温层在一定的气温条件和使用条件下可不设。

卷材防水屋面属柔性防水屋面，其优点：质量轻，防水性能较好，尤其是防水层具有良好的柔韧性，能适应一定程度的结构振动和胀缩变形。缺点：造价高，特别是沥青卷材易老化、起鼓，耐久性差，施工工序多，工效低，维修工作量大，产生渗漏时修补找漏困难等。

（二）卷材防水屋面的材料

1. 沥青

沥青是一种有机胶凝材料。在土木工程中，目前常用的是石油沥青。石油沥青按其用途可分为建筑石油沥青、道路石油沥青和普通石油沥青三种。建筑石油沥青黏性较高，多用于建筑物的屋面及地下工程防水；道路石油沥青则用于拌制沥青混凝土和沥青砂浆或道路工程；普通石油沥青因其温度稳定性差，黏性较低，在建筑工程中一般不单独使用，而是与建筑石油沥青掺配经氧化处理后使用。

针入度、延伸度和软化点是划分沥青牌号的依据。工程上通常根据针入度指标确定牌号，每个牌号则应保证相应的延伸度和软化点。例如，建筑石油沥青按针入度指标划分为10号、30号乙、30号甲3种。在同品种的石油沥青中，其牌号增大时，针入度和延伸度增大，而软化点则减小。沥青牌号的选用，应根据当地的气温及屋面坡度情况综合考虑，气温高坡度大，则选用小牌号，以防止流淌；气温低坡度小，要选用大牌号，以减小脆裂。

2. 卷材

（1）沥青防水卷材

沥青防水卷材，按制造方法的不同可分为浸渍（有胎）和碾压（无胎）两种。石油沥青卷材又称油毡和油纸。油毡是用高软化点的石油沥青涂盖油纸的两面，再撒上一层滑石粉或云母片而成。油纸是用低软化点的石油沥青浸渍原纸而成的。建筑工程中常用的有石油沥青油毡和石油沥青油纸两种。根据每平方米原纸质量（g），石油沥青有200号、350号和500号3种标号，油纸有200号和350号两种标号。卷材防水屋面工程用油毡一般应采用标号不低于350号的石油沥青油毡。油毡和油纸在运输、堆放时应竖直搁置，高度不超过两层；应储存在阴凉通风的室内，避免日晒雨淋及高温高热。

（2）高聚物改性沥青防水卷材

高聚物改性沥青防水卷材是以合成高分子聚合物改性沥青为涂盖层，纤维织物或纤维毡为胎体，粉状、粒状、片状或薄膜材料为覆盖材料制成可卷曲的片状材料。目前，我国所使用的有 SBS 改性沥青柔性卷材、APP 改性沥青卷材、铝箔塑胶卷材、化纤胎改性沥青卷材、废胶粉改性沥青耐低温卷材等。

（3）合成高分子防水卷材

合成高分子防水卷材是以合成橡胶、合成树脂或二者的共混体为基料，加入适量的化学助剂和填充料等，经不同工序加工而成可卷曲的片状防水材料；或把上述材料与合成纤维等复合形成两层或两层以上的可卷曲的片状防水材料。目前，常用的有三元乙丙橡胶防水卷材，氯化聚乙烯防水卷材，氯化聚乙烯、橡胶共混体防水卷材，氯硫化聚乙烯防水卷材等。合成高分子防水卷材其外观质量必须满足以下要求：折痕每卷不超过 2 处，总长度不超过 20 mm；不允许出现粒径大于 0.5 mm 的杂质颗粒；胶块每卷不超过 6 处，每处面积不大于 4 mm²；缺胶每卷不超过 6 处，每处不大于 7 mm，深度不超过本身厚度的 30%。

3. 冷底子油

冷底子油是用 10 号或 30 号石油沥青加入挥发性溶剂配制而成的溶液。石油沥青与轻柴油或煤油以 4：6 的配合比调制而成的冷底子油为慢挥发性冷底子油，涂喷后 12 ~ 48 h 干燥；石油沥青与汽油或苯以 3：7 的配合比调制而成的冷底子油为快挥发性冷底子油，涂喷后 5 ~ 10 h 干燥。调制时先将熬好的沥青倒入料桶中，再加入溶剂，并不停地搅拌至沥青全部溶化为止。

冷底子油具有较强的渗透性和憎水性，并使沥青胶结材料与找平层之间的黏结力增强。喷涂冷底子油的时间，一般应为找平层干燥后。若需要在潮湿的找平层上涂喷冷底子油，则应待找平层水泥砂浆略具强度能够操作时，方可进行。冷底子油可喷涂或涂刷，涂刷应薄而均匀，不得有空白、麻点或气泡。待冷底子油油层干燥后，即可铺贴卷材。

4. 沥青胶结材料

沥青胶是用石油沥青按一定配合比掺入填充料（粉状或纤维状矿物质）混合熬制而成的，用于粘贴油毡作为防水层，或作为沥青防水涂层以及接头填缝之用。

在沥青胶结材料中加入填充料的作用：提高耐热度、增加韧性、增强抗老化能力。填充料的掺量：采用粉状填充料（滑石粉等）时，掺入量为沥青质量的 10% ~ 25%，采用纤维状填充料（石棉粉等），掺入量为沥青质量的 5% ~ 10%。填充料的含水率不宜大于 3%。

沥青胶结材料的主要技术性能指标是耐热度、柔韧性和黏结力。其标号用耐热度表示，标号为 S-60 ~ S-85。使用时，如屋面坡度大且当地历年室外极端最高气温高时，应选用标号较高的胶结材料，反之，则应选用标号较低的胶结材料。

熬制沥青胶时，应先将沥青破碎成 80~100 mm 块状料再放入锅中加热熔化，使其完全脱水至不再起泡沫时，除去杂物，再将预热过的填充料缓慢加入，同时不停地搅拌，直至达到规定的熬制温度，除去浮石杂质即熬制完成。沥青胶结材料的加热温度和时间，对其质量有极大的影响。温度必须按规定严格控制，熬制时间以 3~4 h 为宜。若熬制温度过高，时间过长，则沥青质增多，油分减少，韧性差，黏结力降低，易老化，这对施工操作、工程质量及耐久性都有不良影响。

5. **胶黏剂**

胶黏剂是高聚物改性沥青卷材和合成高分子卷材的粘贴材料。高聚物改性沥青卷材的胶黏剂主要有氯丁橡胶改性沥青胶黏剂、CCTP 抗腐耐水冷胶料等。前者由氯丁橡胶加入沥青和助剂以及溶剂等配制而成，外观为黑色液体，主要用于卷材与基层、卷材与卷材的黏结，其黏结剪切强度不小于 5 N/cm，黏结剥离强度不小于 8 N/cm。后者是由煤沥青经氯化聚烯烃改性而制成的一种溶剂型胶黏剂，具有良好的抗腐蚀、耐酸碱、防水和耐低温等性能。合成高分子卷材的胶黏剂主要有氯丁系胶黏剂（404 胶）、丁基胶黏剂、BX.12 胶黏剂、BX.12 乙组分、XY409 胶等。

（三）卷材防水屋面的施工

1. 沥青卷材防水屋面的施工

（1）基层的处理

基层处理得好坏，直接影响到屋面的施工质量。要求基层要有足够的强度和刚度，承受荷载时不产生显著变形，一般采用水泥砂浆、沥青砂浆和细石混凝土找平层做基层。水泥砂浆配合比（体积比）为 1:3~1:2.5，水泥强度等级不低于 32.5 级；沥青砂浆配合比（质量比）为 1:8；细石混凝土强度等级为 C15，找平层厚度为 15~35 mm。为防止由于温差及混凝土构件收缩而使卷材防水层开裂，找平层应留分格缝，缝宽为 20 mm，其留设位置应在预制板支撑端的拼缝处，其纵横向最大间距，当找平层为水泥砂浆或细石混凝土时，不宜大于 6 m；当找平层为沥青砂浆时，则不宜大于 4 m，并于缝口上加铺 200~300 mm 宽的油毡条，用沥青胶结材料单边点贴，以防结构变形将防水层拉裂。在凸出屋面结构的连接处以及基层转角处，均应做成边长为 100 mm 的钝角或半径为 100~150 mm 的圆弧。找平层应平整坚实，无松动、翻砂和起壳现象。

（2）卷材铺贴

卷材铺贴前应先熬制好沥青胶和清除卷材表面的撒料。沥青胶的沥青成分应与卷材中沥青成分相同。卷材铺贴层数一般为 2~3 层，沥青胶铺贴厚度一般在 1~1.5 mm 之间，最厚不得超过 2 mm。

卷材的铺贴方向应根据屋面坡度或是否受振动荷载而确定。当屋面坡度小于 3% 时，宜平行于屋脊铺贴；屋面坡度大于 15% 或屋面受振动时，应垂直于屋脊铺贴；屋面坡度在 3%~15% 之间时，可平行或垂直于屋脊铺贴。卷材防水屋面的坡度不宜超过 25%，否则应在短边搭接处将卷材用钉子钉入找平层内固定，以防卷材下滑。此外，当铺贴卷材时，上下层卷材不得相互垂直铺贴。

平行于屋脊铺贴时，由檐口开始。两幅卷材的长边搭接（又称压边），应顺水流方向；短边搭接（又称接头），应顺主导风向。平行于屋脊铺贴效率高，材料损耗少。此外，由于卷材的横向抗拉强度远比纵向抗拉强度高，因此，此方法可以防止卷材因基层变形而产生裂缝。

垂直于屋脊铺贴时，则应从屋脊开始向檐口进行，以免出现沥青胶超厚而铺贴不平等现象。压边应顺主导风向，接头应顺水流方向。同时，屋脊处不能留设搭接缝，必须使卷材相互越过屋脊交错搭接以增强屋脊的防水性和耐久性。

当铺贴连续多跨或高低跨房屋屋面时，应按先高跨后低跨，先远后近的顺序进行。对同一坡面，则应先铺好水落口、天沟、女儿墙和沉降缝等地方，特别应做好泛水处，然后顺序铺贴大屋面的卷材。

为防止卷材接缝处漏水，卷材间应具有一定的搭接宽度，通常各层卷材的搭接宽度，长边不应小于 70 mm，短边不应小于 100 mm，上下两层及相邻两幅卷材的搭接缝均应错开，搭接缝处必须用沥青胶结材料仔细封严。

卷材的铺贴方法有浇油法、刷油法、刮油法和洒油法 4 种。①浇油法是将沥青胶浇到基层上，然后推着卷材向前滚动使卷材与基层粘贴紧密；②刷油法是用毛刷将沥青胶刷于基层，刷油长度以 300~500 mm 为宜，出油边不应大于 50 mm，然后快速铺压卷材；③刮油法是将沥青胶浇到基层上后，用 5~10 mm 的胶皮刮板刮开沥青胶铺贴；④洒油法是在铺第一层卷材时，先在卷材周边涂满沥青，中间用蛇形花洒的方法洒油铺贴，其余各层则仍按浇油、刷油、刮油方法进行铺贴，此法多用于基层不太干燥须做排气屋面的情况。待各层卷材铺贴完后，在其面层上浇一层 2~4 mm 厚的沥青胶，趁热撒上一层粒径为 3~5 mm 的小豆石（绿豆砂），并加以压实，使豆石和沥青胶黏结牢固，未黏结的豆石随即清扫干净。

沥青卷材防水层最容易产生的质量问题：防水层起鼓、开裂、沥青流淌、老化、屋面漏水等。

为防止起鼓，要求基层干燥，其含水率在 6% 以内，避免雨、雾、霜天气施工，隔汽层良好，防止卷材受潮，保证基层平整，卷材铺贴涂油均匀、封闭严密，各层卷材粘贴密实，以免水分蒸发空气残留形成气囊而使防水层产生起鼓现象。在潮湿环境下解决防水层起鼓的有效方法是将屋面做成排气屋面，即在铺贴第一层卷材时，采用条铺、花铺等方法使卷材与基层间留有纵横相互贯通的排气道，并在屋面或屋脊上设置一定的排气孔与大气相通，使潮湿基层中的水分能及时排走，从而避免卷材起鼓。

为防止沥青胶流淌，要求沥青胶有足够的耐热度，较高的软化点，涂刷均匀，其厚度不得超过 2 mm，且屋面坡度不宜过大。

防水层破裂的主要原因：结构层变形、找平层开裂；刚度不够，建筑物不均匀下沉；沥青胶流淌，卷材接头错动；防水层温度收缩，沥青胶变硬、变脆而拉裂；防水层起鼓后内部气体受热膨胀等。

此外，沥青在热能、阳光、空气等的长期作用下，内部成分将逐渐老化，为延长防水层的使用寿命，通常设置保护层是一项重要措施，保护层材料有绿豆砂、云母、蛭石、水泥砂浆、细石混凝土和块体材料等。

2. 高聚物改性沥青卷材防水屋面施工

基层处理。高聚物改性沥青卷材防水屋面可用水泥砂浆、沥青砂浆和细石混凝土找平层做基层。要求找平层抹平压光，坡度符合设计要求，不允许有起砂、掉灰和凹凸不平等缺陷存在，其含水率一般不宜大于 9%，找平层不应有局部积水现象。找平层与凸起物（如女儿墙、烟囱、通气孔、变形缝等）相连接的阴角，应做成均匀光滑的小圆角；找平层与檐口、排水口、沟脊等相连接的转角，应抹成光滑一致的圆弧形。

施工要点。高聚物改性沥青卷材施工方法有冷黏剂粘贴法和火焰热熔法两种。

冷黏剂粘贴法施工的卷材主要是指 SBS 改性沥青卷材、APP 改性沥青卷材、铝箔面改性沥青卷材等。施工前应清除基层表面的凸起物，并将尘土杂物等扫除干净，随后用基层处理剂进行基层处理，基层处理剂是由汽油等溶剂稀释胶黏剂制成的，涂刷时要均匀一致。待基层处理剂干燥后，可先对排水口、管根等容易发生渗漏的薄弱部位，在其中心 200 mm 范围内，均匀涂刷一层胶黏剂，涂刷厚度以 1 mm 左右为宜。干燥后即可形成一层无接缝和弹塑性的整体增强层。铺贴卷材时，应根据卷材的配置方案（一般坡度小于 3% 时，卷材应平行于屋脊配置。坡度大于 15% 时，卷材应垂直于屋脊配置；坡度在 3% ~ 15% 之间时，可根据现场条件自由选定），在流水坡度的下坡开始弹出基准线，边涂刷胶黏剂边向前滚铺卷材，并及时相压压实。用毛刷涂刷时，蘸胶液应饱满，涂刷要均匀。滚铺卷材不要卷入空气和异物。平面与立面相连接处的卷材，应由下向上压缝铺贴，并使卷材紧贴阴角，不允许有明显的空鼓现象存在。当立面卷材超过 300 mm 时，应用氯丁系胶黏剂（404 胶）进行粘贴或用木砖钉木压条与粘贴并用的方法处理，以达到粘贴牢固和封闭严密的目的。卷材纵横搭接宽度为 100 mm，一般接缝用胶黏剂黏合，也可采用汽油喷灯进行加热熔接，以后者效果更为理想。对卷材搭接缝的边缘以及末端收头部位，应刮抹膏状胶黏剂进行黏合封闭处理，其宽度不应小于 10 mm。必要时，也可在经过密封处理的末端收头处，再用掺入水泥质量 20%的 108 胶水泥砂浆进行压缝处理。

火焰热熔法施工的卷材主要以 APP 改性沥青卷材较为适宜。采用热熔法施工可节省冷黏剂，降低防水工程造价，特别是当气温较低时或屋面基层略有湿气时尤其适合。基层处理时，必须待涂刷基层处理剂 8 h 以上方能进行施工作业。火焰加热器的喷嘴距卷材面的距离应适中，一般为 0.5 m 左右，幅宽内加热应均匀。以卷材表面熔融至光亮黑色为度，不得过分加热或烧穿卷材。卷材表面热熔后应立即铺贴，滚铺时应排除卷材下面的空气，使之平展不得有折皱，并碾压粘贴牢固。搭接部位经热风焊枪加热后粘贴牢固，溢出的自黏胶刮平封口。

为屏蔽或反射阳光的辐射和延长卷材的使用寿命，在防水层铺设工作完成后，可在防水层的表面上采用边涂刷冷黏剂边铺撒蛭石粉保护层或均匀涂刷银色或绿色涂料做保护层。

高聚物改性沥青卷材严禁在雨天雪天施工，五级风及以上时不得施工，气温低于 0 ℃ 时不宜施工。

3. 合成高分子卷材防水屋面施工

合成高分子卷材防水屋面应以水泥砂浆找平层作为基层，其配合比为 1∶3（体积比），厚度为 15~30 mm，其平整度用 2 m 长直尺检查，最大空隙不应超过 5 mm，空隙仅允许平缓变化。如预制构件（无保温层时）接头部位高低不齐或凹坑较大时，可用掺 108 胶（占水泥量的 15%）的 1∶3~1∶2.5 水泥砂浆找平，基层与凸出屋面结构相连的阴角，应抹成均匀一致和平整光滑的圆角，而基层与檐口、天沟、排水口等相连接的转角则应做成半径为 100~200 mm 的光滑圆弧。基层必须干燥，其含水率一般不应大于 9%。

待基层表面清理干净后，即可涂布基层处理剂，一般是将聚氨酯涂膜防水材料的甲料、乙料、二甲苯按 1∶1.5∶3 的配合比搅拌均匀，然后将其均匀涂布在基层表面上，干燥 4 h 以上，即可进行后续工序的施工。在铺贴卷材前需用聚氨酯甲料和乙料按 1∶1.5 的配合比搅拌均匀后，涂刷在阴角、排水口和通气孔根部周围做增强处理。其涂刷宽度为距离中心 200 mm 以上，厚度以 1.5 mm 左右为宜，固化时间应大于 24 h。

待上述工序均完成后，将卷材展开摊铺在平整干净的基层上，用毛刷蘸满氯丁系胶黏剂（404 胶等），均匀涂布在卷材上，涂布厚度要均匀，不得漏涂，但沿搭接缝部位 100 mm 处不得涂胶。涂胶黏剂后静置 10~20 min，待胶黏剂结膜干燥到不粘手指时，将卷材用纸筒芯卷好，然后再将胶黏剂均匀涂布在基层处理剂已基本干燥的洁净基层上，经过

10~20 min 干燥，接触时不粘手指，即可铺贴卷材。卷材铺贴的一般原则：铺设多跨或高低跨屋面时，应按先高跨后低跨，先远后近的顺序进行；铺设同一跨屋面时，应先铺设排水比较集中的部位，按标高由低向高进行。卷材应顺长方向进行配制，并使卷材长方向与水流坡度垂直，其长边搭接应顺流水坡度方向。卷材的铺贴应根据配制方案，沿先弹出的基准线，将已涂布胶黏剂的卷材圆筒从流水下坡开始展铺，卷材不得有褶皱，也不得用力拉伸卷材，并应排除卷材下面的空气，按压粘贴牢固。卷材铺好后，应将搭接部位的结合面清扫干净，采用与卷材配套的接缝专用胶黏剂（如氯丁系胶黏剂），在搭接缝结合面上均匀涂刷，待其干燥不粘手指后按压粘牢。除此之外，接缝口应采用密封材料封严，其宽度不应小于 10 mm。

合成高分子卷材防水屋面保护层施工与高聚物改性沥青卷材防水屋面保护层施工要求相同。

二、涂膜防水屋面

涂膜防水屋面是在屋面基层上涂刷防水涂料，经固化后形成一层有一定厚度和弹性的整体涂膜从而达到防水目的的一种防水屋面形式。

（一）材料要求

根据防水涂料成膜物质的主要成分，适用涂膜防水层的涂料可分为高聚物改性沥青防水涂料和合成高分子防水涂料两类。根据防水涂料形成液态的方式，可分为溶剂型、反应型和水乳型 3 类。

（二）基层要求

涂膜防水层要求基层的刚度大，空心板安装牢固，找平层有一定强度，表面平整、密实，不应有起砂、起壳、龟裂、爆皮等现象。表面平整度应用 2 m 直尺检查，基层与直尺的最大间隙不应超过 5 mm，间隙仅允许平缓变化。基层与凸出屋面结构连接处及基层转角处应做成圆弧形或钝角。按设计要求做好排水坡度，不得有积水现象。施工前应将分格缝清理干净，不得有异物和浮灰。对屋面的板缝处理应遵守有关规定。等基层干燥后方可进行涂膜施工。

（三）涂膜防水层施工

涂膜防水施工的一般工艺流程：基层表面清理、修理→喷涂基层处理剂→特殊部位附加增强处理→涂布防水涂料及铺贴胎体增强材料→清理与检查修理→保护层施工。

基层处理剂常用涂膜防水材料稀释后使用，其配合比应根据不同防水材料按要求配置。

涂膜防水必须由两层以上涂层组成，每层应刷2~3遍，且应根据防水涂料的品种分层分遍涂布，不能一次涂成，并待先涂的涂层干燥成膜后方可涂后一遍涂料，其总厚度必须达到设计要求。

涂料的涂布顺序：先高跨后低跨，先远后近，先立面后平面。同一屋面上先涂布排水较集中的水落口、天沟、檐口等节点部位，再进行大面积涂布。涂层应厚薄均匀、表面平整，不得有露底、漏涂和堆积现象。两涂层施工间隔时间不宜过长，否则易形成分层现象。涂层中夹铺增强材料时，宜边涂边铺胎体。胎体增强材料长边搭接宽度不得小于50 mm，短边搭接宽度不得小于70 mm。当屋面坡度小于15%时，可平行屋脊铺设。屋面坡度大于15%时，应垂直屋脊铺设。采用二层胎体增强材料时，上下层不得互相垂直铺设，搭接缝应错开，其间距不应小于幅宽的1/3。找平层分格缝处应增设胎体增强材料的空铺附加层，其宽度以200~300 mm为宜。涂膜防水层收头应用防水涂料多遍涂刷或用密封材料封严。在涂膜未干前，不得在防水层上进行其他施工作业。涂膜防水屋面上不得直接堆放物品。涂膜防水屋面的隔汽层设置原则与卷材防水屋面相同。

涂膜防水屋面应设置保护层。保护层材料可采用细砂、云母、蛭石、浅色涂料、水泥砂浆或块材等。采用水泥砂浆或块材时，应在涂膜与保护层之间设置隔离层。当用细砂、云母、蛭石时，应在最后一遍涂料涂刷后随即撒上，并用扫帚轻扫均匀、轻拍粘牢。当用浅色涂料做保护层时，应在涂膜固化后进行。

三、刚性防水屋面

根据防水层所用材料的不同，刚性防水屋面可分为普通细石混凝土防水屋面、补偿收缩混凝土防水屋面及块体刚性防水屋面。刚性防水屋面的结构层宜为整体现浇的钢筋混凝土或装配式钢筋混凝土板。现重点介绍细石混凝土刚性防水屋面。

（一）屋面构造

细石混凝土刚性防水屋面，一般是在屋面板上浇筑一层厚度不小于40 mm的细石混凝土，作为屋面防水层。刚性防水屋面的坡度宜为2%~3%，并应采用结构找坡，其混凝土强度等级不得低于C20，水灰比不大于0.55，每立方米水泥最小用量不应小于330 kg，灰砂比为1:2.5~1:2。为使其受力均匀，有良好的抗裂和抗渗能力，在混凝土中应配置直径为$\varphi 4$~$\varphi 6$ mm、间距为100~200 mm的双向钢筋网片，且钢筋网片在分格缝处应断开，其保护层厚度不小于10 mm。

细石混凝土防水层宜用普通硅酸盐水泥，当采用矿渣硅酸盐水泥时应采取减小泌水性措施；水泥强度等级不低于 32.5 级；防水层的细石混凝土和砂浆中，粗骨料的最大粒径不宜大于 15 mm，含泥量不应大于 1%；细骨料应采用中砂或粗砂，含泥量不应大于 2%，拌和水应采用不含有害物质的洁净水。

（二）施工工艺

1. 分格缝设置

为了防止大面积的细石混凝土屋面防水层由于温度变化等的影响而产生裂缝，防水层必须设置分格缝。分格缝的位置应按设计要求确定，一般应留在结构应力变化较大的部位。如设置在装配式屋面结构的支撑端、屋面转折处、防水层与突出屋面板的交接处，并应与板缝对齐，其纵横间距不宜大于 6 m。一般情况下，屋面板支撑端每个开间应留横向缝，屋脊应留纵向缝，分格的面积以 20 m 左右为宜。

2. 细石混凝土防水层施工

在浇筑防水层细石混凝土前，为减少结构变形对防水层的不利影响，宜在防水层与基层间设置隔离层。隔离层可采用纸筋灰或麻刀灰、低强度等级砂浆、干铺卷材等。在隔离层做好后，便在其上定好分格缝位置，再用分格木条隔开作为分格缝，一个分格缝范围内的混凝土必须一次浇筑完毕，不得留施工缝。浇筑混凝土时应保证双向钢筋网片设置于防水层中部，防水层混凝土应采用机械捣实，表面泛浆后抹平，收水后再次压光。待混凝土初凝后，将分格木条取出，分格缝处必须有防水措施，通常采用油膏嵌缝，有的在缝口上再做覆盖保护层。

细石混凝土防水层施工时，屋面泛水与屋面防水层应一次做成，否则会因混凝土或砂浆的不同收缩和结合不良造成渗漏水，泛水高度不应低于 120 mm，以防止雨水倒灌或爬水现象引起渗漏水。

细石混凝土防水层，由于其收缩弹性很小，对地基不均匀沉降、外荷载等引起的位移和变形，对温差和混凝土收缩、徐变引起的应力变形等敏感性大，容易产生开裂。因此，这种屋面多用于结构刚度好，无保温层的钢筋混凝土屋盖上。只要设计合理，施工措施得当，防水效果是可以得到保证的。此外，在施工中还应注意：防水层细石混凝土所用水泥的品种、最小用量、水灰比以及粗细骨料规格和级配等应符合规范的要求；混凝土防水层的施工气温宜为 5~35℃，不得在低温和烈日暴晒下施工；防水层混凝土浇筑后，应及时养护，并保持湿润，补偿收缩混凝土防水层宜采用浇水养护，养护时间不得少于 14 个昼夜。

第五章　建筑工程项目成本管理

第一节　建筑工程项目成本计划编制

一、项目成本的概念、构成及形式

成本是指为进行某项生产经营活动所发生的全部费用，它是一种耗费，是耗费劳动（物化劳动和活劳动）的货币表现形式。

项目成本是指在建设工程项目的施工过程中所发生的全部生产费用的总和，包括消耗的原材料、辅助材料、构配件等费用，周转材料的摊销费或租赁费，施工机械的使用费或租赁费，支付给生产工人的工资、奖金、工资性质的津贴等，以及进行施工组织与管理所发生的全部费用支出。建筑工程项目成本由直接成本和间接成本构成。

（一）建筑工程项目成本的构成

按照国家现行制度的规定，施工过程中所发生的各项费用支出均应计入施工项目成本。在经济运行过程中，没有一种单一的成本概念能适用于各种不同的场合，不同的研究目的就需要不同的成本概念。成本费用按性质可划分为直接成本和间接成本两部分。

1. 直接成本

直接成本是指施工过程中耗费的构成工程实体或有助于工程实体形成的各项费用支出，是可以直接计入工程对象的费用，包括人工费、材料费、施工机械使用费和施工措施费等。

2. 间接成本

间接成本是指为施工准备，组织和管理施工生产的全部费用的支出，是非直接用于也无法直接计入工程对象，但为进行工程施工所必须发生的费用，包括管理人员工资、办公费、差旅交通费等。

企业所发生的企业管理费用、财务费用和其他费用，应按规定计入当期损益，亦即计为期间成本，不得计入施工项目成本。企业下列支出不仅不能列入施工项目成本，也不能列入企业成本，如购置和建造固定资产、无形资产和其他资产的支出，对外投资的支出，被没收的财物，支付的滞纳金、罚款、违约金、赔偿金，企业赞助和捐赠支出等。

（二）建筑安装工程费用项目组成

目前，我国的建筑安装工程费由直接费、间接费、利润和税金组成。

（三）建筑工程项目成本的主要形式

依据成本管理的需要，施工项目成本的形式要求从不同的角度来考查。

1. 事前成本和事后成本

根据成本控制要求，施工项目成本可分为事前成本和事后成本。

（1）事前成本

工程成本的计算和管理活动是与工程实施过程紧密联系的，在实际成本发生和工程结算之前所计算和确定的成本都是事前成本，它带有预测性和计划性。常用的概念有预算成本（包括施工图预算、标书合同预算）和计划成本（包括责任目标成本—企业计划成本、施工预算—项目计划成本）之分。

①预算成本。工程预算成本反映各地区建筑业的平均成本水平。它是根据施工图以全国统一的工程量计算规则计算出来的。工程量按《全国统一建筑工程基础定额》《全国统一安装工程预算定额》和由各地区的人工日工资单价、材料价格、机械台班单价，并按有关费用的取费率进行计算，包括直接费用和间接费用；预算成本又称施工图预算成本，它是确定工程成本的基础，也是编制计划成本、评价实际成本的依据。

②计划成本。施工项目计划成本是指施工项目经理部根据计划期的有关资料（如工程的具体条件和施工企业为实施该项目的各项技术组织措施）在实际成本发生前预先计算的成本，也就是说，它是根据反映本企业生产水平的企业定额计划得到的。成本计算数额反映了企业在计划期内应达到的成本水平，它是成本管理的目标，也是控制项目成本的标准。成本计划对于加强施工企业和项目经理部的经济核算，建立和健全施工项目成本管理责任制，控制施工过程中的生产费用，以及降低施工项目成本，具有十分重要的作用。

（2）事后成本

事后成本即实际成本，它是施工项目在报告期内实际发生的各项生产费用支出的总和。将实际成本与计划成本比较，可提示成本的节约和超支，考核企业施工技术水平及技术组织措施的贯彻执行情况和企业的经营效果。实际成本与预算成本比较，可以反映工程盈亏情况。因此，计划成本和实际成本都反映了施工企业的成本水平，它与建筑施工企业本身的生产技术水平、施工条件及生产管理水平相对应。

2. 直接成本和间接成本

按生产费用计入成本的方法可将工程成本划分为直接成本和间接成本两种形式。按前所述，直接消耗用于工程对象的费用构成直接成本，为进行工程施工但非直接耗用于工程对象的费用构成间接成本。成本如此分类，能正确反映工程成本的构成，考核各项生产费用的使用是否合理，便于找出降低成本的途径。

3. 固定成本和可变成本

按生产费用与工程量的关系，工程成本又可划分为固定成本和可变成本。这样划分的主要目的是进行成本分析，寻求降低成本的途径。

①固定成本。固定成本是指在一定期间和一定的工程量范围内，其发生的成本额不受工程量增减变动的影响而相对固定的成本，如折旧费、大修理费、管理人员工资、办公费、照明费等。这一成本是为了保持一定的生产管理条件而发生的，项目的固定成本每月基本相同，但是当工程量超过一定范围需要增添机械设备或管理人员时，固定成本将会发生变动。此外，所谓固定，是针对其总额而言的，分配到单位工程量上的固定费用则是变动的。

②可变成本。可变成本是指发生总额随着工程量的增减变动而成比例变动的费用，如直接用于工程的材料费、实行计件工资制的人工费等。所谓可变，是针对其总额而言的，分配到单位工程量上的可变费用则是不变的。

将施工过程中发生的全部费用划分为固定成本和可变成本，对于成本管理和成本决策具有重要作用。由于固定成本是维持生产能力必需的费用，要降低单位工程量的固定费用，就须从提高劳动生产率，增加总工程量数额并降低固定成本的绝对值入手；降低变动成本就须从降低单位分项工程的消耗入手。

二、项目成本计划的概念和重要性

成本计划是在多种成本预测的基础上，经过分析、比较、论证、判断之后，以货币形式预先规定计划期内项目施工的耗费和成本所要达到的水平，并且确定各个成本项目比预计要达到的降低额和降低率，提出保证成本计划实施所需要的主要措施方案。

项目成本计划是项目成本管理的一个重要环节，是实现降低项目成本任务的指导性文件，也是项目成本预测的继续。

项目成本计划的过程是动员项目经理部全体职工，挖掘降低成本潜力的过程，也是检验施工技术质量管理、工期管理、物资消耗和劳动力消耗管理等效果的全过程。

项目成本计划的重要性具体表现为以下几个方面：

第一，是对生产耗费进行控制、分析和考核的重要依据。

第二，是编制核算单位其他有关生产经营计划的基础。

第三，是国家编制国民经济计划的一项重要依据。

第四，可以动员全体职工深入开展增产节约、降低产品成本的活动。

第五，是建立企业成本管理责任制、开展经济核算和控制生产费用的基础。

三、成本计划与目标成本

所谓目标成本，即项目（或企业）对未来产品成本所规定的奋斗目标。它比已经达到的实际成本要低，但又是经过努力可以达到的。目标成本管理是现代化企业经营管理的重要组成部分，它是市场竞争的需要，是企业挖掘内部潜力、不断降低产品成本、提高企业整体工作质量的需要，是衡量企业实际成本节约或开支，考核企业在一定时期内成本管理水平高低的依据。

施工项目的成本管理实质就是一种目标管理。项目管理的最终目标是低成本、高质量、短工期，而低成本是这三大目标的核心和基础。目标成本有很多形式，在制定目标成本作为编制施工项目成本计划和预算的依据时，可以计划成本、定额成本或标准成本作为目标成本，目标成本将随成本划编制方法的变化而变化。一般而言，目标成本的计算公式如下：

项目目标成本＝预计结算收入–税金–项目目标利润

目标成本降低额＝项目的预算成本–项目的目标成本

四、项目成本目标的分解

通过计划目标成本的分解，项目经理部的所有成员和各个单位、部门都能明确自己的成本责任，并按照分工去开展工作。通过计划目标成本的分解，将各分部分项工程成本控制目标和要求、各成本要素的控制目标和要求，落实到成本控制的责任者。

项目经理部进行目标成本分解，方法有两个：一是按工程成本项目分解；二是按项目组成分解。大中型工程项目通常是由若干单项工程构成的，而每个单项工程包括了多个单位工程，每个单位工程又是由若干个分部分项工程所构成。因此，首先要把项目总施工成本分解到单项工程和单位工程，再进一步分解到分部工程和分项工程中。

五、成本计划的编制依据

编制成本计划的过程是动员全体施工项目管理人员的过程，是挖掘降低成本潜力的过程，是检验施工技术质量管理、工期管理、物资消耗和劳动力消耗管理等是否落实的过程。

项目成本计划编制依据有以下几个：

第一，承包合同。合同文件除了包括合同文本外，还包括招标文件、投标文件、设计文件等，合同中的工程内容、数量、规格、质量、工期和支付条款都将对工程的成本计划产生重要的影响，因此，承包方在签订合同前应进行认真的研究与分析，在正确履约的前提下降低工程成本。

第二，项目管理实施规划。其中以工程项目施工组织设计文件为核心的项目实施技术方法与管理方案，是在充分调查和研究现场条件及有关法规条件的基础上制订的，不同实施条件下的技术方案和管理方案，将导致工程成本的不同。

第三，可行性研究报告和相关设计文件。

第四，已签订的分包合同（或估价书）。

第五，生产要素价格信息。生产要素价格信息包括人工、材料、机械台班的市场价，企业颁布的材料价格、企业内部机械台班价格、劳动力内部挂牌价格，周转设备内部租赁价格、摊销耗损标准，结构件外加工计划和合同等。

第六，反映企业管理水平的消耗定额（企业施工定额），以及类似工程的成本资料。

六、项目成本计划的原则和程序

（一）项目成本计划的原则

1. 合法性原则。

2. 先进可行性原则。

3. 弹性原则。

4. 可比性原则。

5. 统一领导分级管理的原则。

6. 从实际出发的原则。

7. 与其他计划相结合的原则。

（二）项目成本计划编制的程序

编制成本计划的程序因项目的规模大小、管理要求不同而不同。大中型项目一般采用分级编制的方式，即先由各部门提出部门成本计划，再由项目经理部汇总编制全项目工程的成本计划，小型项目一般采用集中编制方式，即由项目经理部先编制各部门成本计划，再汇总编制全项目的成本计划。

七、项目成本计划的内容

（一）项目成本计划的组成

施工项目的成本计划一般由施工项目直接成本计划和间接成本计划组成，如果项目设有附属生产单位，成本计划还包括产品成本计划和作业成本计划。

1. 直接成本计划

直接成本计划主要反映工程成本的预算价值、计划降低额和计划降低率。直接成本计划的具体内容如下：

（1）编制说明。指对工程的范围、投标竞争过程及合同条件、承包人对项目经理提出的责任成本目标、项目成本计划编制的指导思想和依据等的具体说明。

（2）项目成本计划的指标。项目成本计划的指标应经过科学的分析预测确定，可以采用对比法、因素分析法等进行测定。

（3）按工程量清单列出的单位工程计划成本汇总表。

（4）按成本性质划分的单位工程成本汇总表，根据清单项目的造价分析，分别对人工费、材料费、机械费、措施费、企业管理费和税费进行汇总，形成单位工程成本计划表。

（5）项目计划成本应在项目实施方案确定和不断优化的前提下进行编制，因为不同的实施方案将导致直接工程费、措施费和企业管理费的差异。成本计划的编制是项目成本预控的重要手段，因此，应在开工前编制完成，以便将计划成本目标分解落实，为各项成本的执行提供明确的目标、控制手段和管理措施。

2. 间接成本计划

间接成本计划主要反映施工现场管理费用的计划数、预算收入数及降低额。间接成本计划应根据工程项目的核算期，以项目总收入费的管理费为基础，制订各部门费用的收支计划，汇总后作为工程项目的管理费用的计划。在间接成本计划中，收入应与取费口径一致，支出应与会计核算中管理费用的二级科目一致。间接成本计划的收支总额应与项目成本计划中管理费一栏的数额相符。各部门应按照节约开支、压缩费用的原则，制定管理费用归口包干指标落实办法，以保证该计划的实施。

（二）项目成本计划表

1. 项目成本计划任务表

项目成本计划任务表主要是反映项目预算成本、计划成本、成本降低额、成本降低率的文件，是落实成本降低任务的依据。

2. 项目间接成本计划表

项目间接成本计划表主要指施工现场管理费计划表，反映发生在项目经理部的各项施工管理费的预算收入、计划数和降低额。

3. 项目技术组织措施表

项目技术组织措施表由项目经理部有关人员分别就应采取的技术组织措施预测它的经济效益，最后汇总编制而成。编制技术组织措施表是为了在不断采用新工艺、新技术的基础上提高施工技术水平，改善施工工艺过程，推广工业化和机械化施工方法，以及通过采纳合理化建议达到降低成本的目的。

根据企业下达给该项目的降低成本任务和该项目经理部自己确定的降低成本指标而制订出项目成本降低计划。它是编制成本计划任务表的重要依据，是由项目经理部有关业务和技术人员编制的。其根据是项目的总包和分包的分工，项目中的各有关部门提供的降低成本资料及技术组织措施计划。

八、项目成本计划编制的方法

（一）施工预算法

施工预算法，是指以施工图中的工程实物量，套以施工工料消耗定额，计算工料消耗量，并进行工料汇总，然后统一以货币形式反映其施工生产耗费水平。

采用施工预算法编制成本计划，是以单位工程施工预算为依据，结合技术节约措施计划，进一步降低施工生产耗费水平。

施工预算法计划成本＝施工预算工料消耗费用－技术节约措施计划节约额

施工图预算和施工预算的区别如下：施工图预算是以施工图为依据，按照预算定额和规定的取费标准以及图纸工程量计算出项目成本，反映为完成施工项目建筑安装任务所需的直接成本和间接成本。它是招标投标中计算标底的依据（评标的尺度），是控制项目成本支出、衡量成本节约或超支的标准，也是施工项目考核经营成果的基础。施工预算是施工单位（各项目经理部）根据施工定额编制的，作为施工单位内部经济核算的依据。两种算法对比差额的实质是反映两种定额——施工定额和预算定额产生的差额，因此又称定额差。

（二）技术节约措施法

技术节约措施法，是指以工程项目计划采取的技术组织措施和节约措施所能取得的经济效果为项目成本降低额，然后求工程项目的计划成本的方法。用公式表示为：

工程项目计划成本＝工程项目预算成本－技术节约措施计划节约额（成本降低额）

采用这种方法首先确定的是降低成本指标和降低成本技术节约措施，然后再编制成本计划。

（三）成本习性法

成本习性法是固定成本和变动成本在编制成本计划中的应用，主要按照成本习性，将成本分成固定成本和变动成本两类，以此计算计划成本。具体划分可采用按费用分解的方法。

1. 材料费。与产量有直接联系，属于变动成本。

2. 人工费。在计时工资形式下，生产工人工资属于固定成本，因为不管生产任务完成与否，工资照发，与产量增减无直接联系。如果采用计件超额工资形式，其计件工资部分属于变动成本，奖金、效益工资和浮动工资部分亦应计入变动成本。

3. 机械使用费。其中有些费用随产量增减而变动，如燃料费、动力费等，属变动成本；有些费用不随产量变动，如机械折旧费、大修理费、机修工和操作工的工资等，属于固定成本。此外还有机械的场外运输费和机械组装拆卸、替换配件、润滑擦拭等经常修理费，由于不直接用于生产，也不随产量增减成正比例变动，而是在生产能力得到充分利用，产量增长时，所分摊的费用就少些，在产量下降时，所分摊的费用就要大一些，所以这部分费用为介于固定成本和变动成本之间的半变动成本，可按一定比例划为固定成本和变动成本。

4. 措施费。水、电、风、气等费用以及现场发生的其他费用，多数与产量发生联系，属于变动成本。

5. 施工管理费。其中大部分在一定产量范围内与产量的增减没有直接联系，如工作人员工资、生产工人辅助工资、工资附加费、办公费、差旅交通费、固定资产使用费、职工教育经费、上级管理费等，基本上属于固定成本。检验试验费、外单位管理费等与产量增减有直接联系，则属于变动成本范围。此外，劳动保护费中的劳保服装费、防暑降温费、防寒用品费，劳动部门有规定的领用标准和使用年限，基本上属于固定成本范围。

技术安全措施费、保健费大部分与产量有关，属于变动成本。工具用具使用费中，行政使用的家具费属固定成本。工人领用工具，随管理制度不同而不同，有些企业对机修工、电工、钢筋、车工、钳工、刨工的工具按定额配备，规定使用年限，定期以旧换新，属于固定成本。而对民工、木工、抹灰工、油漆工的工具采取定额人工数、定价包干，则又属于变动成本。

在成本按习性划分为固定成本和变动成本后，可用下列公式计算：

工程项目计划成本＝项目变动成本总额+项目固定成本总额

（四）按实计算法

按实计算法，就是工程项目经理部有关职能部门（人员）以该项目施工图预算的工料分析资料作为控制计划成本的依据，根据项目经理部执行施工定额的实际水平和要求，由各职能部门归口计算各项计划成本。

第一，人工费的计划成本，由项目管理班子的劳资部门（人员）计算。

人工费的计划成本＝计划用工量×实际水平的工资率

式中，计划用工量＝Σ分项工程量×工日定额；可根据实际水平，考虑先进性，适当提高工日定额。

第二，材料费的计划成本，由项目管理班子的材料部门（人员）计算。

材料费的计划成本＝各种材料的计划用量×实际价格+工程用水的水费

第三，机械使用费的计划成本，由项目管理班子的机管部门（人员）计算。

机械使用费的计划成本＝机械计划台班数×规定单价+机械用电的电费

第四，措施费的计划成本，由项目管理班子的施工生产部门和材料部门（人员）共同计算。计算的内容包括现场二次搬运费、临时设施摊销费、生产工具用具使用费、工程定位费、工程点交费以及场地清理费等多项费用的测算。

第五，间接费用的计划成本，由工程项目经理部的财务成本人员计算。

一般根据工程项目管理部内的计划职工平均人数，按历史成本的间接费用以及压缩费用的人均支出数进行测算。

第二节　施工成本管理的任务与措施

一、建筑工程项目成本管理的概念

施工成本管理就是指在保证工期和质量满足要求的情况下，采取相应管理措施，包括组织措施、经济措施、技术措施、合同措施，把成本控制在计划范围内，并进一步寻求最大限度的成本节约。

项目成本管理的重要性主要体现在以下几个方面：

第一，项目成本管理是项目实现经济效益的内在基础。

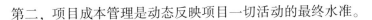

第二，项目成本管理是动态反映项目一切活动的最终水准。

第三，项目成本管理是确立项目经济责任机制，实现有效控制和监督的手段。

二、项目成本管理的任务

项目成本管理的内容包括成本预测、成本计划、成本控制、成本核算、成本分析和成本考核等。项目经理部在项目施工过程中对所发生的各种成本信息，通过有组织、有系统地进行预测、计划、控制、核算和分析等工作，使工程项目系统内各种要素按照一定的目标运行，从而将工程项目的实际成本控制在预定的计划成本范围内。

（一）成本预测

项目成本预测是通过成本信息和工程项目的具体情况，并运用一定的专门方法，对未来的成本水平及其可能发展趋势做出科学的估计，其实质就是在施工以前对成本进行核算。项目成本预测是项目成本决策与计划的依据。

（二）成本计划

项目成本计划是项目经理部对项目施工成本进行计划管理的工具，它是以货币形式编制工程项目在计划期内的生产费用、成本水平、成本降低率以及为降低成本所采取的主要措施和规划的书面方案，它是建立项目成本管理责任制、开展成本控制和核算的基础。一般来说，一个项目成本计划应包括从开工到竣工所必需的施工成本，它是降低项目成本的指导文件，是设立目标成本的依据。

（三）成本控制

项目成本控制是指在施工过程中，对影响项目成本的各种因素加强管理，并采取各种有效措施，将施工中实际发生的各种消耗和支出严格控制在成本计划范围内，随时揭示并及时反馈，严格审查各项费用是否符合标准，计算实际成本和计划成本之间的差异并进行分析，消除施工中的损失浪费现象，发现和总结先进经验。通过成本控制，使之最终实现甚至超过预期的成本节约目标。项目成本控制应贯穿在工程项目从招投标阶段开始直到项目竣工验收的全过程，它是企业全面成本管理的重要环节。

（四）成本核算

项目成本核算是指项目施工过程中所发生的各种费用和各种形式项目成本的核算，一是按照规定的成本开支范围对施工费用进行归集，计算出施工费用的实际发生额；二是根据成本核算对象，采用适当的方法，计算出该工程项目的总成本和单位成本。项目成本核算所提供的各种成本信息，是成本预测、成本计划、成本控制、成本分析和成本考核等各个环节的依据。因此，加强项目成本核算工作，对降低项目成本、提高企业的经济效益有积极的作用。

（五）成本分析

项目成本分析是在成本形成过程中，对项目成本进行的对比评价和剖析总结工作。它贯穿于项目成本管理的全过程，也就是说项目成本分析主要利用工程项目的成本核算资料（成本信息）与目标成本（计划成本）、预算成本以及类似的工程项目的实际成本等进行比较，了解成本的变动情况，同时也要分析主要技术经济指标对成本的影响，系统地研究成本变动的因素，检查成本计划的合理性，并通过成本分析，深入揭示成本变动的规律，寻找降低项目成本的途径，以便有效地进行成本控制。

（六）成本考核

成本考核是指在项目完成后，对项目成本形成中的各责任者，按项目成本目标责任制的有关规定，将成本的实际指标与计划、定额、预算进行对比和考核，评定项目成本计划的完成情况和各责任者的业绩，并以此给以相应的奖励和处罚。通过成本考核，做到有奖有惩、赏罚分明，才能有效地调动企业的每一个职工在各自的施工岗位上努力完成目标成本的积极性，为降低项目成本和增加企业的积累做出自己的贡献。

综上所述，项目成本管理中每一个环节都是相互联系和相互作用的。成本预测是成本决策的前提，成本计划是成本决策所确定目标的具体化。成本控制则是对成本计划的实施进行监督，保证决策的成本目标实现，而成本核算又是成本计划是否实现的最后检验，它所提供的成本信息又对下一个项目成本预测和决策提供基础资料。成本考核是实现成本目标责任制的保证和实现决策目标的重要手段。

三、建筑工程项目成本管理的措施

为了取得施工成本管理的理想成效，应当从多方面采取措施实施管理，通常可以将这些措施归纳为组织措施、技术措施、经济措施和合同措施。

（一）组织措施

组织措施是从施工成本管理的组织方面采取的措施。施工成本控制是全员的活动，如实行项目经理责任制，落实施工成本管理的组织机构和人员，明确各级施工成本管理人员的任务和职能分工、权利和责任。施工成本管理不仅是专业成本管理人员的工作,各级项目管理人员也负有成本控制责任。

组织措施的另一方面是编制施工成本控制工作计划,确定合理详细的工作流程。要做好施工采购规划,通过生产要素的优化配置、合理使用、动态管理,有效控制实际成本;加强施工定额管理和施工任务单管理,控制活劳动和物化劳动的消耗;加强施工调度,避免因施工计划不周和盲目调度造成窝工损失、机械利用率降低、物料积压等而使施工成本增加。成本控制工作只有建立在科学管理的基础之上,具备合理的管理体制、完善的规章制度、稳定的作业秩序、完整准确的信息传递,才能取得成效。组织措施是其他各类措施的前提和保障,而且一般不需要增加什么费用,运用得当可以收到良好的效果。

(二)技术措施

施工过程中降低成本的技术措施,包括:进行技术经济分析,确定最佳的施工方案;结合施工方法,进行材料使用的比选,在满足功能要求的前提下,通过代用、改变配合比、使用添加剂等方法降低材料消耗的费用;确定最合适的施工机械、设备使用方案。结合项目的施工组织设计及自然地理条件,降低材料的库存成本和运输成本;应用先进的施工技术,运用新材料,使用新开发的机械设备等。在实践中,也要避免仅从技术角度选定方案而忽视对其经济效果的分析论证。

技术措施不仅是解决施工成本管理过程中的技术问题不可缺少的,而且对纠正施工成本管理目标偏差也有相当重要的作用。因此,运用技术纠偏措施的关键,一要能提出多个不同的技术方案,二要对不同的技术方案进行技术经济分析。

(三)经济措施

经济措施是最易为人们接受和采用的措施。管理人员应编制资金使用计划,确定、分解施工成本管理目标。对施工成本管理目标进行风险分析,并制定防范性对策。对各种支出,应认真做好资金的使用计划,并在施工中严格控制各项开支。及时准确地记录、收集、整理、核算实际发生的成本。对各种变更及时做好增减账,及时落实业主签证,及时结算工程款。通过偏差分析和未完工程预测,可发现一些潜在的将引起未完工程施工成本增加的问题,对这些问题应以主动控制为出发点,及时采取预防措施。由此可见,经济措施的运用绝不仅仅是财务人员的事情。

(四)合同措施

采用合同措施控制施工成本应贯穿整个合同周期,包括从合同谈判开始到合同终结的全过程。首先是选用合适的合同结构，对各种合同结构模式进行分析、比较，在合同谈判时，要争取选用适合于工程规模、性质和特点的合同结构模式；其次，在合同的条款中应仔细考虑一切影响成本和效益的因素，特别是潜在的风险因素。通过对引起成本变动的风险因素的识别和分析，采取必要的风险对策，如通过合理的方式，增加承担风险的个体数量，降低损失发生的比例，并最终使这些策略反映在合同的具体条款中。在合同执行期间，合同管理的措施既要密切注视对方合同执行的情况，以寻求合同索赔的机会；同时也要密切关注自己履行合同的情况，以防止被对方索赔。

第三节　建筑工程项目成本预测

一、项目成本预测的概念

成本预测，就是依据成本的历史资料和有关信息，在认真分析当前各种技术经济条件、外界环境变化及可能采取的管理措施的基础上，对未来的成本与费用及其发展趋势所做的定量描述和逻辑推断。

项目成本预测是通过成本信息和工程项目的具体情况，对未来的成本水平及其发展趋势做出科学的估计，其实质就是工程项目在施工以前对成本进行核算。通过成本预测，项目经理部能在满足业主和企业要求的前提下，确定工程项目降低成本的目标，克服盲目性，提高预见性，为工程项目降低成本提供决策与计划的依据。

二、项目成本预测的意义

（一）成本预测是投标决策的依据

建筑施工企业在选择投标项目过程中，往往需要根据项目是否盈利、利润大小等诸因素确定是否对工程投标。

（二）成本预测是编制成本计划的基础

计划是管理的第一步。正确可靠的成本计划，必须遵循客观经济规律，从实际出发，对成本做出科学的预测。这样才能保证成本计划不脱离实际，切实起到控制成本的作用。

（三）成本预测是成本管理的重要环节

推算其成本水平变化的趋势及其规律性，预测实际成本。它是预测和分析的结合，是事后反馈与事前控制的结合。通过成本预测，能够发现问题、找出薄弱环节、有效控制成本。

三、项目成本预测程序

（一）制订预测计划

制订预测计划是预测工作顺利进行的保证。预测计划的内容主要包括组织领导及工作布置、配合的部门、时间进度、收集材料范围等。

（二）收集整理预测资料

根据预测计划，收集预测资料是进行预测的重要条件。预测资料一般有纵向和横向两方面的数据。纵向资料是企业成本费用的历史数据，据此分析其发展趋势；横向资料是指同类工程项目、同类施工企业的成本资料，据此分析所预测项目与同类项目的差异，并做出估计。

（三）选择预测方法

成本的预测方法可以分为定性预测法和定量预测法。

第一，定性预测法是根据经验和专业知识进行判断的一种预测方法，常用的定性预测法有管理人员判断法、专业人员意见法、专家意见法及市场调查法等。

第二，定量预测法是利用历史成本费用资料以及成本与影响因素之间的数量关系，通过一定的数学模型来推测、计算未来成本的可能结果。

（四）成本初步预测

根据定性预测的方法及一些横向成本资料的定量预测，对成本进行初步估计。这一步的结果往往比较粗略，需要结合现在的成本水平进行修正，才能保证预测结果的质量。

（五）影响成本水平的因素预测

影响成本水平的因素主要有物价变化、劳动生产率、物料消耗指标、项目管理费开支、企业管理层次等。可根据近期内工程实施情况、本企业及分包企业情况、市场行情等，推测未来哪些因素会对成本费用水平产生影响，其结果如何。

（六）成本预测

根据初步的成本预测以及对成本水平变化因素的预测结果确定成本情况。

（七）分析预测误差

成本预测往往与实施过程中及其后的实际成本有出入，而产生预测误差。预测误差大小，反映预测准确程度的高低。如果误差较大，应分析产生误差的原因，并积累经验。

四、项目成本预测方法

（一）定性预测方法

成本的定性预测是指成本管理人员根据专业知识和实践经验，通过调查研究，利用已有资料，对成本的发展趋势及可能达到的水平所做的分析和推断。由于定性预测主要依靠管理人员的素质和判断能力，因而这种方法必须建立在对项目成本耗费的历史资料、现状及影响因素深刻了解的基础之上。

定性预测偏重于对市场行情的发展方向和施工中各种影响项目成本因素的分析，发挥专家经验和主观能动性，比较灵活，可以较快地提出预测结果。但进行定性预测时，也要尽可能地收集数据，运用数学方法，其结果通常也是从数量上测算。这种方法简便易行，在资料不多、难以进行定量预测时最为适用。

在项目成本预测的过程中，经常采用的定性预测方法主要有经验评判法、专家会议法、德尔菲法和主观概率法等。

（二）定量预测方法

定量预测方法也称统计预测方法，是根据已掌握的比较完备的历史统计数据，运用一定数学方法进行科学的加工整理，借以揭示有关变量之间的规律性联系，从而推断未来发展变化情况。

定量预测偏重于数量方面的分析，重视预测对象的变化程度，能准确描述数量上的变化程度。它需要以历史统计数据、客观实际资料作为预测的依据，并运用数学方法对它们进行处理分析。受主观因素影响较少。

定量预测的主要方法有算术平均法、回归分析法、高低点法、量本利分析法和因素分析法。

第四节 建筑工程项目成本控制

一、建筑工程项目成本控制概要

（一）项目成本控制的概念

项目成本控制是指项目经理部在项目成本形成的过程中，为控制人、机、材消耗和费用支出，降低工程成本，达到预期的项目成本目标，所进行的成本预测、计划、实施、核算、分析、考核，整理成本资料与编制成本报告等一系列活动。

项目成本控制是在成本发生和形成的过程中，对成本进行的监督检查。成本的发生和形成是一个动态的过程，这就决定了成本的控制也应该是一个动态过程，因此，也可称为成本的过程控制。

项目成本控制的重要性具体表现为以下几个方面：

第一，监督工程收支，实现计划利润。

第二，做好盈亏预测，指导工程实施。

第三，分析收支情况，调整资金流动。

第四，积累资料，指导今后投标。

（二）项目成本控制的依据

1. 项目承包合同文件

项目成本控制要以工程承包合同为依据，围绕降低工程成本这个目标，从预算收入和实际成本两方面，努力挖掘增收节支潜力，以求获得最大的经济效益。

2. 项目成本计划

项目成本计划是根据工程项目的具体情况制订的施工成本控制方案，既包括预定的具体成本控制目标，又包括实现控制目标的措施和规划，是项目成本控制的指导文件。

3. 进度报告

进度报告提供了每一时刻工程实际完成量，工程施工成本实际支付情况等重要信息。施工成本控制工作正是通过实际情况与施工成本计划相比较，找出二者之间的差别，分析偏差产生的原因，从而采取措施改进以后的工作的。此外，进度报告还有助于管理者及时发现工程实施中存在的隐患，并在事态还未造成重大损失之前采取有效措施，尽量避免损失。

4. 工程变更与索赔资料

在项目的实施过程中，由于各方面的原因，工程变更是很难避免的。工程变更一般包括设计变更、进度计划变更、施工条件变更、技术规范与标准变更、施工次序变更、工程数量变更等。一旦出现变更，工程量、工期、成本都必将发生变化，从而使得施工成本控制工作变得更加复杂和困难。因此，施工成本管理人员应当通过对变更要求当中各类数据的计算、分析，随时掌握变更情况，包括已发生工程量、将要发生工程量、工期是否拖延、支付情况等重要信息，判断变更以及变更可能带来的索赔额度等。

除了上述几种项目成本控制工作的主要依据以外，有关施工组织设计、分包合同文本等也都是项目成本控制的依据。

（三）项目成本控制的要求

项目成本控制应满足下列要求：

第一，要按照计划成本目标值来控制生产要素的采购价格，并认真做好材料、设备进场数量和质量的检查、验收与保管。

第二，要控制生产要素的利用效率和消耗定额，如任务单管理、限额领料、验工报告审核等。同时要做好不可预见成本风险的分析和预控，包括编制相应的应急措施等。

第三，控制影响效率和消耗量的其他因素（如工程变更等）所引起的成本增加。

第四，把项目成本管理责任制度与对项目管理者的激励机制结合起来，以增强管理人员的成本意识和控制能力。

第五，承包人必须有一套健全的项目财务管理制度，按规定的权限和程序对项目资金的使用和费用的结算支付进行审核、审批，使其成为项目成本控制的一个重要手段。

（四）项目成本控制的原则

1. 全面控制原则

（1）项目成本的全员控制。

（2）项目成本的全过程控制。

（3）项目成本的全企业各部门控制。

2. 动态控制原则

（1）项目施工是一次性行为，其成本控制应更重视事前、事中控制。

（2）编制成本计划，制定或修订各种消耗定额和费用开支标准。

（3）施工阶段重在执行成本计划，落实降低成本措施，实行成本目标管理。

（4）建立灵敏的成本信息反馈系统。各责任部门能及时获得信息，纠正不利成本偏差。

3. 目标管理原则

（1）目标制定必须科学合理

目标管理能不能产生理想的效果、取得预期的成效，首先就取决于目标的制定，科学合理的目标是目标管理的前提和基础，脱离了实际的工作目标，轻则影响工作进程和成效，重则使目标管理失去实际意义，影响企业发展大局。

（2）督促检查必须贯穿始终

目标管理，关键在管理。在目标管理的过程中，丝毫的懈怠和放任自流都可能贻害巨大。作为管理者，必须随时跟踪每一个目标的进展，发现问题及时协商、及时处理、及时采取正确的补救措施，确保目标运行方向正确、进展顺利。

（3）成本控制必须严肃认真

目标管理以目标的达成为最终目的，考核评估也是重结果轻过程。这很容易让目标责任人重视目标的实现，轻视成本的核算，特别是当目标运行遇到困难可能影响目标的适时实现时，责任人往往会采取一些应急的手段或方法，这必然导致实现目标的成本不断上升。作为管理者，在督促检查的过程当中，必须对运行成本做严格控制，既要保证目标的顺利实现，又要把成本控制在合理的范围内。因为，任何目标的实现都不是不计成本的。

（4）考核评估必须执行到位

任何一个目标的达成、项目的完成，都必须有一个严格的考核评估。考核、评估、验收工作必须选择执行力很强的人员进行，必须严格按照目标管理方案或项目管理目标，逐项进行考核并做出结论，对目标完成度高、成效显著、成绩突出的团队或个人按章奖励，对失误多、成本高、影响整体工作的团队或个人按章处罚，真正达到表彰先进、鞭策落后的目的。

4. 节约原则

（1）编制工程预算时应"以支定收"，保证预算收入；在施工过程中要"以收定支"，控制资源消耗和费用支出。

（2）严格控制成本开支范围，费用开支标准和有关财务制度，对各项成本费用的支出进行限制和监督。抓住索赔时机，搞好索赔、合理力争甲方给予经济补偿。

二、项目成本控制实施的步骤

在确定了项目施工成本计划之后，必须定期进行施工成本计划值与实际值的比较，当实际值偏离计划值时，分析产生偏差的原因，采取适当的纠偏措施，以确保施工成本控制目标的实现。其实施步骤如下：

（一）比较

按照某种确定的方式将施工成本计划值与实际值逐项进行比较，以发现施工成本是否已超支。

（二）分析

在比较的基础上，对比较的结果进行分析，以确定偏差的严重性及偏差产生的原因。这是施工成本控制工作的核心，其主要目的在于找出产生偏差的原因，从而采取具有针对性的措施，减少或避免相同原因的事件再次发生或减少由此造成的损失。

（三）预测

根据项目实施情况估算整个项目完成时的施工成本。预测的目的在于为决策提供支持。

（四）纠偏

当工程项目的实际施工成本出现偏差时，应当根据工程的具体情况、偏差分析和预测的结果，采取适当的措施，以期达到使施工成本偏差尽可能小的目的。纠偏是施工成本控制中最具实质性的一步。只有通过纠偏，才能最终达到有效控制施工成本的目的。

（五）检查

检查是指对工程的进展进行跟踪和检查，及时了解工程进展状况以及纠偏措施的执行情况和效果，为今后的工作积累经验。

三、项目成本控制的对象和内容

（一）项目成本控制的对象

第一，以项目成本形成的过程作为控制对象。具体包括工程投标阶段成本控制、施工准备阶段成本控制、施工阶段成本控制、竣工交付使用及保修期阶段的成本控制。

第二，以项目的职能部门、施工队和生产班组作为成本控制的对象。成本控制的具体内容是日常发生的各种费用和损失。项目的职能部门、施工队和班组还应对自己承担的责任成本进行自我控制，这是最直接、最有效的项目成本控制。

第三，以分部分项工程作为项目成本的控制对象。项目应该根据分部分项工程的实物量，参照施工预算定额，联系项目管理的技术素质、业务素质和技术组织措施的节约计划，编制包括工、料、机消耗数量以及单价、金额在内的施工预算，作为对分部分项工程成本进行控制的依据。

第四，以对外经济合同作为成本控制对象。

（二）项目成本控制的内容

1. 工程投标阶段

中标以后，应根据项目的建设规模组建与之相适应的项目经理部，同时以标书为依据确定项目的成本目标，并下达给项目经理部。

2. 施工准备阶段

根据设计图纸和有关技术资料，对施工方法、施工顺序、作业组织形式、机械设备选型、技术组织措施等进行认真的研究分析，并运用价值工程原理，制订出科学先进、经济合理的施工方案。

3. 施工阶段

（1）将施工任务单和限额领料单的结算资料与施工预算进行核对，计算分部分项工程的成本差异，分析差异产生的原因，并采取有效的纠偏措施。

（2）做好月度成本原始资料的收集和整理，正确计算月度成本，实行责任成本核算。

（3）经常检查对外经济合同的履约情况，为顺利施工提供物质保证，定期检查各责任部门和责任者的成本控制情况。

4. 竣工验收阶段

（1）重视竣工验收工作，顺利交付使用。在验收前，要准备好验收所需要的各种书面资料（包括竣工图）送甲方备查；对验收中甲方提出的意见，应根据设计要求和合同内容认真处理，如果涉及费用，应请甲方签证，列入工程结算。

（2）及时办理工程结算。

（3）在工程保修期间，应由项目经理指定保修工作的责任者，并责成保修责任者根据实际情况提出保修计划（包括费用计划），以此作为控制保修费用的依据。

四、项目成本控制的实施方法

(一) 以项目成本目标控制成本支出

它通过确定成本目标并按计划成本进行施工、资源配置,对施工现场发生的各种成本费用进行有效控制。其具体的控制方法如下:

1. 人工费的控制

人工费的控制实行"量价分离"的原则,将作业用工及零星用工按定额工日的一定比例综合确定用工数量与单价,通过劳务合同进行控制。

2. 材料费的控制

材料费控制同样按照"量价分离"的原则,控制材料用量和材料价格。

(1) 材料用量的控制

在保证符合设计要求和质量标准的前提下,合理使用材料,通过材料需用量计划、定额管理、计量管理等手段可以有效控制材料物资的消耗。具体方法如下:

①材料需用量计划的编制实行适时性、完整性、准确性控制。在工程项目施工过程中,每月应根据施工进度计划编制材料需用量计划。计划的适时性是指材料需用量计划的提出和进场要适时。计划的完整性是指材料需用量计划的材料品种必须齐全,材料的型号、规格、性能、质量要求等要明确。计划的准确性是指材料需用量的计算要准确,绝不能粗估冒算。需用量计划应包括需用量和供应量。需用量计划应包括两个月工程施工的材料用量。

②材料领用控制。材料领用控制是通过实行限额领料制度来控制。限额领料制度可采用定额控制和指标控制。定额控制指对于有消耗定额的材料,以消耗定额为依据,实行限额发料制度。指标控制指对没有消耗定额的材料实行计划管理和按指标控制。

③材料计量控制。准确做好材料物资的收发计量检查和投料计量检查。计量器具要按期检验、校正,必须受控;计量过程必须受控,计量方法必须全面、准确并受控。

④工序施工质量控制。工程施工前道工序的施工质量往往影响后道工序的材料消耗量。从每个工序的施工来讲,则应时时受控,一次合格,避免返修而增加材料消耗。

(2) 材料价格的控制

材料价格主要由材料采购部门控制。由于材料价格是由买价、运杂费、运输中的合理损耗等组成,因此控制材料价格,主要是通过掌握市场信息,应用招标和询价等方式控制材料、设备的采购价格。

施工项目的材料物资，包括构成工程实体的主要材料和结构件，以及有助于工程实体形成的周转使用材料和低值易耗品。从价值角度看，材料物资的价值，约占建筑安装工程造价的 60%～70% 以上，其重要程度自然是不言而喻的。材料物资的供应渠道和管理方式各不相同，控制的内容和方法也有所不同。

3. 施工机械使用费的控制

合理选择、合理使用施工机械设备对成本控制具有十分重要的意义，对高层建筑施工来说更是如此。据某些工程实例统计，在高层建筑地面以上部分的总费用中，垂直运输机械费用占 6%～10%。由于不同的起重运输机械有不同的用途和特点，因此在选择起重运输机械时，首先应根据工程特点和施工条件确定采取何种起重运输机械的组合方式。施工机械使用费主要由台班数量和台班单价两方面决定。为有效控制施工机械使用费支出，主要从以下几个方面进行控制：

（1）合理安排施工生产，加强设备租赁计划管理，减少因安排不当引起的设备闲置。

（2）加强机械设备的调度工作，尽量避免窝工，提高现场设备利用率。

（3）加强现场设备的维修保养，避免因不正确使用造成机械设备的停置。

（4）做好机上人员与辅助生产人员的协调与配合，提高施工机械台班产量。

4. 施工分包费用的控制

分包工程价格的高低，必然对项目经理部的施工项目成本产生一定的影响。因此，施工项目成本控制的重要工作之一是对分包价格的控制。项目经理部应在确定施工方案的初期确定需要分包的工程范围。决定分包范围的因素主要是施工项目的专业性和项目规模。对分包费用的控制，主要是要做好分包工程的询价、订立平等互利的分包合同、建立稳定的分包关系网络、加强施工验收和分包结算等工作。

（二）以施工方案控制资源消耗

资源消耗数量的货币表现大部分是成本费用。因此，资源消耗的减少，就等于成本费用的节约控制了资源消耗，也就是控制了成本费用。以施工预算控制资源消耗的实施步骤和方法如下：

第一，在工程项目开工前，根据施工图纸和工程现场的实际情况，制订施工方案。

第二，组织实施。施工方案是进行工程施工的指导性文件，有步骤、有条理地按施工方案组织施工，可以合理配置人力和机械，可以有计划地组织物资进场，从而做到均衡施工。

第三，采用价值工程，优化施工方案。价值工程，又称价值分析，是一门技术与经济相结合的现代化管理科学。应用价值工程，即研究在提高功能的同时不增加成本，或在降低成本的同时不影响功能，把提高功能和降低成本统一在最佳方案中。

五、赢得值（挣值）法

赢得值法（Earned Value Management，EVM）作为一项先进的项目管理技术，最初是美国国防部于 1967 年首次确立的。到目前为止，国际上先进的工程公司已普遍采用赢得值法进行工程项目的费用、进度综合分析控制。赢得值法，也称挣值法，是通过分析项目实际完成情况与计划完成情况的差异，判断项目费用、进度是否存在偏差的一种方法。用赢得值法进行费用、进度综合分析控制，基本参数有三项，即已完工作预算费用、计划工作预算费用和已完工作实际费用。

（一）赢得值法的三个基本参数

1. 已完工作预算费用

已完工作预算费用为 BCWP（Budgeted Cost for Work Performed），是指在某一时间已经完成的工作（或部分工作），以批准认可的预算为标准所需要的资金总额，由于业主正是根据这个值为承包人完成的工作量支付相应的费用，所以它也就是承包人获得（挣得）的金额，故称赢得值或挣值。

已完工作预算费用（BCWP）=已完成工作量×预算（计划）单价

2. 计划工作预算费用

计划工作预算费用，简称 BCWS（Budgeted Cost for Work Scheduled），即根据进度计划，在某一时间应当完成的工作（或部分工作）。以预算为标准所需要的资金总额，一般来说，除非合同有变更，否则其在工程实施过程中应保持不变。

计划工作预算费用（BCWS）=计划工作量×预算（计划）单价

3. 已完工作实际费用

已完工作实际费用，简称 ACWP（Actual Cost for Work Performed），即到某一时刻为止，已完成的工作（或部分工作）所实际花费的总金额。

已完工作实际费用（ACWP）=已完成工作量×实际单价

（二）赢得值法的四个评价指标

在这三个基本参数的基础上，可以确定赢得值法的四个评价指标，它们也都是时间的函数。

1. 费用偏差 CV（Cost Variance）

费用偏差（CV）= 已完工作预算费用（BCWP）−已完工作实际费用（ACWP）

当费用偏差 CV 值为负值时，即表示项目运行超出预算费用；当费用偏差 CV 值为正值时，则表示项目运行节支，实际费用没有超出预算费用；当 CV 为零时，表示实际费用等于预算费用。

2. 进度偏差 SV（Schedule Variance）

进度偏差（SV）= 已完工作预算费用（BCWP）−计划工作预算费用（BCWS）

当进度偏差 SU 为负值时，表示进度延误，即实际进度落后于计划进度；当进度偏差 SV 为正值时，表示进度提前，即实际进度快于计划进度；当 SV 为零时，表示实际进度与计划进度一致。

3. 费用绩效指数（CPI）

费用绩效指数（CPI）= 已完工作预算费用（BCWP）/已完工作实际费用（ACWP）

当费用绩效指数（CPI）<1 时，表示超支，即实际费用高于预算费用；当费用绩效指数（CPI）>1 时，表示节支，即实际费用低于预算费用；当费用绩效指数（CPI）= 1 时，表示实际费用等于预算费用。

4. 进度绩效指数（SPI）

进度绩效指数（SPI）= 已完工作预算费用（BCWP）/计划工作预算费用（BCWS）

当进度绩效指数（SPI）<1 时，表示进度延误，即实际进度比计划进度拖后；当进度绩效指数（SPI）>1 时，表示进度提前，即实际进度比计划进度快；当进度绩效指数（SPI）= 1 时，表示实际进度等于计划进度。

费用（进度）偏差反映的是绝对偏差，结果直观，有助于管理人员了解项目费用出现偏差的绝对数额，并依次采取一定措施，制订或调整费用支出计划和资金筹措计划。但是，绝对偏差有其不容忽视的局限性。如同样是 10 万元的费用偏差，对于总费用 1 000 万元的项目和总费用 1 亿元的项目而言，其严重性显然是不同的。因此，费用（进度）偏差仅适合于对同一项目做偏差分析。费用（进度）绩效指数反映的是相对偏差，它不受项目层次的限制，也不受项目实施时间的限制，因而在同一项目和不同项目比较中均可采用。

在项目的费用、进度综合控制中引入赢得值法，可以克服过去进度、费用分开控制的缺点，即当我们发现费用超支时，很难立即知道是由于费用超出预算，还是由于进度提前；相反，当我们发现费用低于预算时，也很难立即知道是由于费用节省，还是由于进度拖延。引入赢得值法可以定量地判断进度、费用的执行效果。

六、偏差分析的表达方法

偏差分析可以采用不同的表达方法，常用的有横道图法、表格法和曲线法。

（一）横道图法

用横道图法进行费用偏差分析，是用不同的横道标记已完工作预算费用（BCWP）、计划工作预算费用（BCWS）和已完工作实际费用（ACWP），横道的长度与其金额成正比。

横道图法具有形象、直观等优点，能够准确表达出费用的绝对偏差，而且能明显看出偏差的严重性。但这种方法反映的信息量少，一般在项目的较高管理层中应用。

（二）表格法

表格法是进行偏差分析最常用的一种方法，它将项目编号、名称、各费用参数以及费用偏差数综合归纳入一张表格中，并且直接在表格中进行比较。由于各偏差参数都在表中列出，使得费用管理者能够综合地了解并处理这些数据。

用表格法进行偏差分析具有以下优点：

第一，灵活、适用性强，可根据实际需要设计表格，进行增减项。

第二，信息量大，可以反映偏差分析所需的资料，从而有利于费用控制人员及时采取针对性措施，加强控制。

第三，表格处理可借助于计算机，从而节约了处理大量数据所需的人力，并大大提高了速度。

（三）暗示曲线法

横坐标表示时间，纵坐标表示费用（以实物工程量、工时或金额表示）。BCWS 按 S 形曲线路径不断增加，直至项目结束达到它的最大值，可见 BCWS 是一种 S 形曲线。ACWP 同样是进度的时间参数，随项目推进而不断增加，也是 S 形曲线。

采用赢得值法进行费用、进度综合控制，还可以根据当前的进度、费用偏差情况，通过原因分析，对趋势进行预测，预测项目结束时的进度、费用情况。

利用赢得值法评价曲线进行费用进度评价，CV<0、SV<0，表示项目执行效果不佳，即费用超支、进度延误，应采取相应的补救措施。

七、分析与建议

（一）原因分析

在实际执行过程中，最理想的状态是 ACWP、BCWS、BCWP 三曲线靠得很近、平稳上升，表示项目按预定计划目标前进。如果三条曲线离散度不断增加，则预示可能发生关系到项目成败的重大问题。

经过对比分析，发现某一方面已经出现费用超支或预计最终将会出现费用超支，则应将它提出，做进一步的原因分析。原因分析是费用责任分析和提出费用控制措施的基础。费用超支的原因一般有如下几个方面：

1. 宏观因素。总工期拖延，物价上涨，工作量大幅度增加。

2. 微观因素。分项工作效率低，协调不好，局部返工。

3. 内部原因。管理失误，不协调，采购了劣质材料，工人培训不充分，材料消耗增加，出现事故，返工。

4. 外部原因。上级、业主的干扰，设计的修改，阴雨天气，其他风险等。

5. 技术、经济、管理、合同等其他方面的原因。

原因分析可以采用因果关系分析图进行定性分析，在此基础上又可以利用因素差异分析法进行定量分析。

（二）建议

通常要压缩已经超支的费用，而不损害其他目标是十分困难的，一般只有当给出的措施比原计划已选定的措施更为有利，或使工程范围减少，或提高生产效率，成本才能降低。

1. 寻找新的、更好的、更省的、效率更高的技术方案。

2. 购买部分产品，而不是采用完全由自己生产的产品。

3. 重新选择供应商，但会产生供应风险：选择需要时间。

4. 改变实施过程。

5. 删去工作包，这会提高风险，降低质量。

6. 变更工程范围。

7. 索赔。如向业主、承（分）包商、供应商索赔以弥补费用超支等。

当发现费用超支时，人们常常通过其他手段，在其他工作包上节约开支，这常常是十分困难的，也往往会损害工程质量，影响工期目标。贸然采取措施，主观上企图降低成本，最终却导致更大的费用超支。

第五节　建筑工程项目成本核算

一、项目成本核算概要

项目成本核算是施工项目管理系统中一个极其重要的子系统，也是项目管理最主要的内容。

项目成本核算在施工项目成本管理中的重要性体现在两个方面：一方面，它是施工项目进行成本预测、制订成本计划和实行成本控制所需信息的重要来源；另一方面，它又是施工项目进行成本分析和成本考核的基本依据。成本预测是成本计划的基础；成本计划是成本预测的结果，也是所确定的成本目标的具体化。成本控制对成本计划的实施进行监督，以保证成本目标的实现；而成本核算则是对成本目标是否实现的最后检验。成本考核是实现决策目标的重要手段。由此可见，施工项目成本核算是施工项目成本管理中最基本的职能，离开了成本核算，就谈不上成本管理，也就谈不上其他职能的发挥。这就是施工项目成本核算与施工项目成本管理的内在联系。

（一）项目成本核算的对象

项目成本核算的对象是指在计算工程成本中确定的归集和分配生产费用的具体对象，即生产费用承担的客体。确定成本核算对象，是设立工程成本明细分类账户、归集和分配生产费用以及正确计算工程成本的前提。

成本核算对象主要根据企业生产的特点与成本管理上的要求确定。由于建筑产品的多样性和设计、施工的单件性，在编制施工图预算、制订成本计划以及与建设单位结算工程价款时，都是以单位工程为对象。因此，按照财务制度规定，在成本核算中，施工项目成本一般应以独立编制施工图预算的单位工程为成本核算对象，但也可以按照承包工程项目的规模、工期、结构类型、施工组织和现场情况等，结合成本管理要求，灵活划分成本核算对象。一般说来，成本核算有以下几种划分方法：

第一，一个单位工程由几个施工单位共同施工时，各施工单位都应以同一单位工程为成本核算对象，各自核算自行完成的部分。

第二，规模大、工期长的单位工程，可以将工程划分为若干部位，以分部位的工程作为成本核算对象。

第三，同一建设项目，由同一施工单位施工，并在同一施工地点，属于同一建设项目的各个单位工程合并作为一个成本核算对象。

第四，改建、扩建的零星工程，可根据实际情况和管理需要，以一个单项工程为成本核算对象，或将同一施工地点的若干个工程量较少的单项工程合并作为一个成本核算对象。

（二）项目成本核算的要求

项目成本核算的基本要求如下：

第一，项目经理部应根据财务制度和会计制度的有关规定，建立项目成本核算制，明确项目成本核算的原则、范围、程序、方法、内容、责任及要求，并设置核算台账，记录原始数据。

第二，项目经理部应按照规定的时间间隔进行项目成本核算。

第三，项目成本核算应坚持三同步的原则。项目经济核算的三同步是指统计核算、业务核算、会计核算三者同步进行。统计核算即产值统计，业务核算即人力资源和物质资源的消耗统计，会计核算即成本会计核算。根据项目形成的规律，这三者之间必然存在同步关系，即完成多少产值、消耗多少资源、发生多少成本，三者应该同步，否则项目成本就会出现盈亏异常情况。

第四，建立以单位工程为对象的项目生产成本核算体系，因为单位工程是施工企业的最终产品（成品），可独立考核。

第五，项目经理部应编制定期成本报告。

二、项目成本核算的过程

成本的核算过程，实际上也是各成本项目的归集和分配的过程。成本的归集是指通过一定的会计制度，以有序的方式进行成本数据的收集和汇总；而成本的分配是指将归集的间接成本分配给成本对象的过程，也称间接成本的分摊或分派。

工程直接费在计算工程造价时可按定额和单位估价表直接列入，但是在项目较多的单位工程施工情况下，实际发生时却有相当一部分的费用也需要通过分配方法计入。间接成本一般按一定标准分配计入成本核算对象——单位工程。核算的内容如下：

1. 人工费的归集和分配。

2. 材料费的归集和分配。

3. 周转材料的归集和分配。

4. 结构件的归集和分配。

5. 机械使用费的归集和分配。

6. 施工措施费的归集和分配。

7. 施工间接费的归集和分配。

8. 分包工程成本的归集和分配。

三、建筑工程项目成本会计的账表

项目经理部应根据会计制度的要求，设立必要的核算账户，进行规范的核算。首先应建立三本账，再由三本账编制施工项目成本的会计报表，即四表。

（一）三账

三账包括工程施工账、其他直接费账和施工间接费账。

第一，工程施工账。用于核算工程项目进行建筑安装工程施工所发生的各项费用支出，是以组成工程项目成本的成本项目设专栏记载的。

工程施工账按照成本核算对象核算的要求，又分为单位工程成本明细账和工程项目成本明细账。

第二，其他直接费账。先以其他直接费费用项目设专栏记载，月终再分配计入受益单位工程的成本。

第三，施工间接费账。用于核算项目经理部为组织和管理施工生产活动所发生的各项费用支出，以项目经理部为单位设账，按间接成本费用项目设专栏记载，月终再按一定的分配标准计入受益单位工程的成本。

（二）四表

四表包括在建工程成本明细表、竣工工程成本明细表、施工间接费表和工程项目成本表。

第一，在建工程成本明细表。要求分单位工程列示，以组成单位工程成本项目的三本账汇总形成报表，账表相符，按月填表。

第二，竣工工程成本明细表。要求在竣工点交后，以单位工程列示，实际成本账表相符，按月填表。

第三，施工间接费表。要求按核算对象的间接成本费用项目列示，账表相符，按月填表。

第四，工程项目成本表。该报表属于工程项目成本的综合汇总表，表中除按成本项目列示外，还增加了工程成本合计、工程结算成本合计、分建成本、工程结算其他收入和工程结算成本总计等项，综合了前三个报表，汇总反映项目成本。

第六章　建筑工程项目进度管理

第一节　施工项目进度控制概述

一、施工项目进度控制概念

项目进度控制应以实现施工合同约定的竣工日期为最终目标，即必须在合同规定的期限内把建筑工程交付给业主（建设单位）。

一般来说，项目施工应分期分批竣工，这样，施工合同可能约定几个分期分批竣工工程的竣工日期。这个日期是发包人的要求，是不能随意改变的，发包人和承包人任何一方改变这个日期，都会引起索赔。因此，项目管理者应以合同约定的竣工日期指导控制行动。

二、施工项目进度计划的分类

（一）按编制对象分

1. 施工进度总控制计划

施工进度总控制计划是施工总体方案在时间序列上的反映。工业建设项目或民用建筑群，在施工组织总设计阶段编制的施工总进度计划，一般是属于概略的控制性进度计划，用以确定各主要工程项目的施工起止日期，综合平衡各施工阶段建筑工程的工程量和投资分配。

2. 单位工程施工进度控制计划

单位工程施工进度计划以施工方案为基础，根据规定工期和技术物资的供应条件，遵循各施工过程合理的工艺顺序，统筹安排各项施工活动进行编制。它的任务是为各施工过程指明一个确定的施工日期，即时间计划，并以此为依据确定施工作业所必需的劳动力和各种技术物资的供应计划。

（二）按施工时间分

1. 年度施工进度控制计划。

2. 季度施工进度控制计划。

3. 月度施工进度控制计划。

4. 旬施工进度控制计划。

5. 周施工进度控制计划。

三、施工进度控制计划内容

（一）施工总进度计划包括的内容

1. 编制说明。主要包括编制依据、步骤、内容。

2. 施工进度总计划表、两种形式：一种为横道图，另一种为网络图。

3. 分期分批施工工程的开、竣工日期，工期一览表。

4. 资源供应平衡表。为满足进度控制而需要的资源供应计划。

（二）单位工程施工进度计划包括的内容

1. 编制说明。主要包括编制依据、步骤、内容和方法。

2. 进度计划图。

3. 单位工程施工进度计划的风险分析及控制措施。单位工程施工进度计划的风险分析及控制措施指施工进度计划由于其他不可预见的因素，如工程变更、自然条件和拖欠工程款等原因无法按计划完成时而采取的措施。

四、施工项目进度控制的作用

第一，根据施工合同明确开工、竣工日期，总工期，并以施工项目进度总目标确定各分项工程的开、竣工日期。

第二，各部门计划都要以进度控制计划为中心安排工作。

计划部门提出月、旬计划，劳动力计划，材料部门调验材料、构件，动力部门安排机具，技术部门制定施工组织与安排等均以施工项目进度控制计划为基础。

第三，施工项目控制计划的调整。由于主客观原因或者环境原因出现了不必要的提前或延误的偏差，要及时调整纠正，并预测未来进度状况，使工程按期完工。

第四，总结经验教训。工程完工后要及时提供总结报告，通过报告总结控制进度的经验方法，对存在的问题进行分析出改进意见，以利于以后的工作。

第二节　施工项目进度计划的编制

一、施工项目进度计划编制依据

（一）施工项目总进度计划编制依据

1. 施工合同

施工合同包括合同工期、分期分批工期的开竣工日期，有关工期提前延误调整的约定等。

2. 施工进度目标

除合同约定的施工进度目标外，承包商可能有自己的施工进度目标。用以指导施工进度计划的编制。

3. 工期定额

工期定额作为一种行业标准，是在许多过去工程资料统计基础上得到的。

4. 有关技术经济资料

有关技术经济资料包括施工地质、环境等资料。

5. 施工部署与主要工程施工方案

施工项目进度计划是在施工方案确定后编制。

6. 其他资料

类似工程的进度计划。

（二）单位工程进度计划编制依据

1. 项目管理目标责任

在《项目管理目标责任书》中明确规定了项目进度目标。这个目标既不是合同目标，又不是定额工期，而是项目管理的责任目标，不但有工期，而且有开工时间和竣工时间。项目管理目标责任书中对进度的要求，是编制单位工程施工进度计划的依据。

2. 施工总进度计划

单位工程施工进度计划必须执行施工总进度计划中所要求的开、竣工时间，工期安排。

3. 施工方案

施工方案对施工进度计划有决定性作用。施工顺序，就是施工进度计划的施工顺序，施工方法直接影响施工进度。机械设备既影响所涉及的项目的持续时间、施工顺序，又影响总工期。

4. 主要材料和设备的供应能力

施工进度计划编制的过程中，必须考虑主要材料和机械设备的能力。一旦进度确定，则供应能力必须满足进度的需要。

5. 施工人员的技术素质及劳动效率

施工人员的技术素质高低，影响着速度和质量，技术素质必须满足规定要求。

二、施工项目进度计划的编制步骤

（一）施工总进度计划编制步骤

1. 收集编制依据。

2. 确定进度控制目标。根据施工合同确定单位工程的先后施工顺序和开、竣工日期及工期。应在充分调查研究的基础上，确定一个既能实现合同工期，又可实现指令工期，比这两种工期更积极可靠（更短）的工期作为编制施工总进度计划。从而确定作为进度控制目标的工期。

3. 计算工程量。首先根据建设项目的特点划分项目。项目划分不宜过多，应突出主要项目，一些附属、辅助工程可以合并。然后估算各主要项目的实物工程量。

4. 确定各单位工程的施工期限和开、竣工期。影响单位施工期限的因素很多，主要是：建筑类型、结构特征和工程规模，施工方法、施工管理水平，劳动力和材料供应情况以及施工现场的地形、地质条件等。因此，各单位工程的工期按合同约定的工期，并根据现场具体情况，综合考虑后以确定。

5. 安排各单位工程的搭接关系。在确定了各主要单位工程的工期限之后。就可以进一步安排各单位工程的搭接施工时间。在解决这一问题时，一方面要根据施工部署中的计划工期及施工条件；另一方面要尽量使主要工种的工人基本上连续、均衡地施工。在具体安排时应着重考虑以下几点：

（1）根据（合同约定）使用要求和施工可能，分期分批地安排施工，明确每个单位工程竣工时间。

（2）对于施工难度较大、施工工期较长的，应尽量先安排施工。

（3）同一时期的开工项目不应过多。

（4）每个施工项目的施工准备、土建施工、设备安装和试生产的时间要合理衔接。

（5）土建工程中的主要分部分项工程和设备安装工程实行连续、均衡的流水施工。

第六，编制施工进度计划。根据各施工项目的工期与搭接时间，编制初步进度计划；按照流水施工与综合平衡的要求，调整进度计划，最后编制施工总进度计划。

（二）单项工程进度计划编制步骤

1. 研究施工图和有关资料并调查施工条件

认真研究施工图、施工组织总设计对单位工程进度计划的要求。

2. 施工过程划分

施工过程的多少、粗细程度根据工程不同而有所不同，宜粗不宜细。

（1）施工过程的粗细程度

为使进度计划能简明清晰、便于掌握，原则上应在可能条件下尽量减少施工过程的数目。分项越细，则项目越多，就会显得越繁杂，所以，施工过程划分的粗细要根据施工任务的具体情况来确定。原则上应尽量减少项目数量，能够合并的项目尽可能地予以合并。

（2）施工过程项目应与施工方法一致

施工过程项目的划分，应结合施工方法来考虑，以保证进度计划表能够完全符合施工进展的实际情况，真正能起到指导施工的作用。

3. 编排合理施工顺序

施工顺序是在施工方案中确定的施工流向和施工程序的基础上，按照所选施工方法和施工机械的要求确定的。

确定施工顺序是为了按照施工的技术规律和合理的组织关系，解决各项目之间在时间上的先后顺序和搭接关系，以期做到保证质量、安全施工、充分利用空间、争取时间、实现合理安排工期的目的。

工业与民用建筑的施工顺序不同。在设计施工顺序时，必须根据工程的特点、技术和组织上的要求以及施工方案等进行研究，不能拘泥于某种僵化的顺序。

4. 计算各施工过程的工程量与定额

施工过程确定之后，根据施工图纸及有关工程量计算规则，按照施工顺序的排列，分别计算各个施工过程的工程量。

在计算工程量时，应注意施工方法，不管何种施工方法，计算出的工程量是一样。

在采用分层分段流水施工时，工程量也应按分层分段分别加以计算，以保证与施工实际吻合，有利于施工进度计划的编制。

工程量的计算单位应与劳动定额中的同一项目的单位一致，避免工程量计算后在套用定额时，又要重复计算。

如已有施工图预算，则在编制施工进度计划时，不必计算，直接从施工图预算中选取，但是，要注意根据施工方法的需要，按施工实际情况加以修订和调整。

5. 确定劳动力和机械需要量及持续时间

计算劳动量和机械台班需要量时，应根据现行劳动定额，并考虑当地实际施工水平，预测超额完成任务的可能性。

施工项目工作持续时间的计算方法一般有经验估计法、定额计算法和倒排计划法。

（1）经验估计法

这种方法就是根据过去的经验进行估计，一般适用于采用新工艺、新技术、新结构、新材料等无定额可循的工程。先估计出完成该施工项目的最乐观时间（A）、最悲观时间（C）和最可能时间（B）三种施工时间，然后确定该施工项目的工作持续时间。

（2）定额计算法

这种方法就是根据施工项目需要的劳动量或机械台班量，以及配备的劳动人数或机械台数，来确定其工作持续时间。

施工班组人数的确定。在确定施工班组人数时，应考虑最小劳动组合人数、最小工作面和可能安排的施工人数等因素。

最小劳动组合，即某一施工过程进行正常施工所必需的最低限度的班组人数及其合理组合。最小工作面，即施工班组为保证安全生产和有效地操作所必需的工作面。可能安排的人数，是指施工单位所能配备的人数。

工作班制的确定。一般情况下，当工期允许、劳动力和机械周转使用不紧迫、施工工艺上无连续施工要求时，可采用一班制施工。当组织流水施工时，为了给第二天连续施工创造条件，某施工准备工作或施工过程可考虑在夜班进行，即采用两班制施工。当工期较紧或为了高施工机械的使用率及加快机械的周转使用，或工艺上要求连续施工时，某些施工项目可考虑两班甚至三班制施工。

（3）倒排计划法

倒排计划法是根据流水施工方式及总工期要求，先确定施工时间和工作班制，再确定施工班组人数或机械台数。根据如果计算得出的施工人数或机械台数对施工项目来说是过多或过少了，应根据施工现场条件、施工工作面大小、最小劳动组合、可能得到的人数和机械等因素合理调整。如果工期太紧，施工时间不能延长，则可考虑组织多班组、多班制的施工。

6. 编排施工进度计划

编制进度计划应优先使用网络计划图，也可使用横道计划图。

7. 编制劳动力和物资计划

有了施工进度计划以后，还需要编制劳动力和物资需要量计划，附于施工进度计划之后。这样，就更具体、更明确地反映出完成该进度计划所必须具备的基本条件，便于领导掌握情况，统一平衡、保证及时调配，以满足施工任务的实际需要。

三、流水施工

流水施工是指所有施工过程按一定的时间间隔依次投入施工，各个施工过程陆续开工、陆续竣工，使同一施工过程的施工班组保持连续、均衡施工，不同的施工过程尽可能平行搭接施工的组织方式。

（一）流水施工的优点

第一，流水施工能合理、充分地利用工作面，争取时间，加速工程的施工进度，从而有利于缩短施工工期。

第二，流水施工能保持各施工过程的连续性、均衡性，从而有利于提高施工管理水平和技术经济效益。

第三，流水施工能使各施工班组在一定时期内保持相同的施工操作和连续、均衡地施工，从而有利于提高劳动效率。

（二）组织流水施工的要点

1. 划分分部分项工程（施工过程）

首先将拟建工程，根据工程特点及施工要求，划分为若干个分部工程；其次按照工艺要求、工程量大小和施工班组情况，将各分部工程划分为若干个施工过程（即分项工程）。

2. 划分施工段

根据组织流水施工的需要，将拟建工程在平面上或空间上，划分为工程量大致相等的若干个施工段。

3. 每个施工过程组织独立的施工班组

每个施工过程有独立的施工班组。这样可使每个施工班组按施工顺序，依次、连续、均衡地从一个施工段转移到另一个施工段进行相同的操作。

4. 主要施工过程必须连续、均衡地施工

对工程量较大、施工时间较长的主要施工过程，必须组织连续、均衡施工；对其他次要施工过程，可考虑与相邻的施工过程合并。如不能合并，为缩短工期，可安排间断施工。

5. 不同的施工过程尽可能组织平行搭接施工

根据施工顺序，不同的施工过程，在有工作面的条件下，除必要的技术和组织间歇时间外，应尽可能组织平行搭接施工。

（三）流水施工的主要参数

1. 工艺参数

工艺参数是指流水施工的施工过程数目，以符号"N"表示。对于不同的计划施工过程划分数目多少不同、粗细不一。

施工控制性进度计划，其施工过程划分可粗些，综合性大些。施工实施性进度计划，其施工过程划分可细些，具体些。对月度作业性计划，施工过程还可分解为工序，如安装模板、绑扎钢筋等。

2. 空间参数

空间参数包括施工段和施工层。

组织流水施工时，拟建工程在平面上划分的若干个劳动量大致相等的施工区段，称为施工段，它的数目一般以"M"表示。

划分施工段的目的，是为了组织流水施工，保证不同的施工班组能在不同的施工段上同时进行施工，并使各施工班组能按一定的时间间隔转移到另一个施工段进行连续施工，既消除等待、停歇现象，又互不干扰。

施工层是指为满足竖向流水施工的需要，在建筑物垂直方向上划分的施工区段，常用"M"表示。施工层的划分视工程对象的具体情况而定，一般以建筑物的结构层作为施工层。

（1）划分施工段的要求

第一，施工段的数目要合理。施工段过多，会增加总的施工持续时间，而且工作面不

能充分利用；施工段过少，则会引起劳动力、机械和材料供应的过分集中，有时还会造成"断流"的现象。

第二，各施工段的劳动量（或工作量）一般应大致相等（相差宜在 15% 以内），以保证各施工班组连续、均衡地施工。

第三，施工段的划分界限要以保证施工质量且不违反操作规程要求为前提。例如，结构上不允许留施工缝的部位不能作为划分施工段的界限。

第四，当组织楼层结构的流水施工时，为使各施工班组能连续施工，上一层的施工必须在下一层对应部位完成后才能开始。即各施工班组做完第一段后，能立即转入第二段；做完第一层的最后一段后，能立即转入第二层的第一段。因此，每一层的施工段数 M 必须大于或等于其施工过程数 N，即 $M \geq N$。

（2）施工段划分的一般部位

施工段划分的部位要有利于结构的整体性，应考虑到施工工程对象的特点。一般按下述几种情况划分施工段的部位：

①设置有伸缩缝、沉降缝的建筑工程，可以此缝为界划分施工段。

②单元式的住宅工程，可按单元为界分段，必要时以半个单元为界分段。

③道路、管线等按长度方向延伸的工程，可按一定长度作为一个施工段。

④多幢同类型建筑，可以一幢房屋作为一个施工段。

（四）流水施工基本方式

建筑工程的流水施工要求有一定的节拍，才能步调和谐，配合得当。流水施工的节奏是由流水节拍所决定的。由于建筑工程的多样性，各分部分项的工程量差异较大，要使所有的流水施工都组织成统一的流水节拍是很困难的。在大多数情况下，各施工过程的流水节拍不一定相等，甚至一个施工过程本身在各施工段上的流水节拍也不相等。因此形成了不同节奏特征的流水施工。

1. 有节奏流水

有节奏流水是指同一施工过程在各施工段上的流水节拍都相等的一种流水施工方式。根据不同施工过程之间的流水节拍是否相等，有节奏流水又可分为等节奏流水和异节奏流水。

（1）等节奏流水

等节奏流水是指同一施工过程在各施工段上的流水节拍都相等，并且不同施工过程之间的流水节拍也相等的一种流水施工方式，即各施工过程的流水节拍等于常数，故也称全等节拍流水。

（2）异节奏流水

异节奏流水是指同一施工过程在各施工段上的流水节拍都相等，不同施工过程之间的流水节拍不完全相等的一种流水施工方式。

2. 无节奏流水

无节奏流水是指同一施工过程在各施工段上的流水节拍不完全相等的一种流水施工方式。

在实际工作中，有节奏流水，尤其是等节奏流水往往是难以组织的，而无节奏流水则是常见的。无节奏流水只要保证各施工过程的工艺顺序合理就可以。

四、横道图

表格由左右两部分组成，左边部分反映拟建工程所划分的施工项目、工程量、定额、劳动量或台班量、工作班制、施工人数及工作持续时间等计算内容，右边部分则用水平线段反映各施工项目的搭接关系和施工进度，其中的格子根据需要可以是一格表示一天或若干天。

（一）根据施工经验直接安排的方法

这是根据经验资料及有关计算，直接在进度表上画出进度线的方法。这种方法比较简单实用。但施工项目多时，不一定能达到最优计划方案。其一般步骤是：先安排主导分部工程的施工进度，然后再将其余分部工程尽可能配合主导分部工程，最大限度地合理搭接起来，使其相互联系，形成施工进度计划的初步方案。

在主导分部工程中，应先安排主导施工项目的施工进度，力求其施工班组能连续施工，而其余施工项目尽可能与它配合、搭接或平行施工。

（二）按工艺组合组织流水施工的方法

这种方法是将某些在工艺上有关系的施工过程归并为一个工艺组合，组织各工艺组合内部的流水施工，然后将各工艺组合最大限度地搭接起来，组织分别流水。

五、网络图

（一）双代号网络图

用一个箭线表示一个施工过程，施工过程名称写在箭线上面，施工持续时间写在箭线下面，箭尾表示施工过程开始，箭头表示施工过程结束。在箭线的两端分别画一个圆圈作为节点，并在节点内进行编号，用箭尾节点代号 i 和箭头节点代号 j 作为这个施工过程的代号。

由于各施工过程均用两个代号表示，所以叫作双代号表示法。用这种表示方法把一项计划中的所有施工过程按先后顺序及其相互之间的逻辑关系，从左到右绘制成的网状图形，就叫作双代号网络图。用这种网络图表示的计划叫作双代号网络计划。

双代号网络图由箭线、节点和线路三个要素所组成，现将其含义和特性叙述如下：

1. 箭线

第一，一个箭线表示一个施工过程（或一件工作）。箭线表示的施工过程可大可小。在总体（或控制性）网络计划中，箭线可表示一个单位工程或一个工程项目；在单位工程网络计划中，一个箭线可表示一个分部工程（如基础工程、主体工程、装修工程等）；在实施性网络计划中，一个箭线可表示一个分项工程（如挖土、垫层、浇筑混凝土等）。

第二，每个施工过程的完成都要消耗一定的时间及资源。只消耗时间不消耗资源的混凝土养护、砂浆找平层干燥等技术间歇，如单独考虑时，也应作为一个施工过程来对待。各施工过程均用实箭线来表示。

第三，在双代号网络图中，为了正确表达施工过程的逻辑关系，有时必须使用一种虚箭线。虚箭线是既不消耗时间，也不消耗资源的一个虚拟的施工过程（称虚工作），一般不标注名称，持续时间为零。它在双代号网络图中起施工过程之间逻辑连接或逻辑断路作用。用虚箭线表示。

第四，箭线的长短不表示持续时间的长短（时标网络例外）。箭线的方向表示施工过程的进行方向，应保持自左向右的总方向。为使图形整齐，表示施工过程的箭线宜画成水平箭线或由水平线段和竖直线段组成的折线箭线。虚工作可画成水平的或竖直的虚箭线，也可画成折线形虚箭线。

第五，网络图中，凡是紧接于某施工过程箭线箭尾端的各过程，叫作该过程的"紧前过程"；紧接于某施工过程箭头端的各过程，叫作该过程的"紧后过程"。

2. 节点

在双代号网络图中，用圆圈表示的各箭线之间的连接点，称为节点。节点表示前面施工过程结束和后面施工过程开始的瞬间。

（1）节点的分类

网络图的节点有起点节点、终点节点、中间节点。网络图的第一个节点为起点节点，它表示一项计划（或工程）的开始。网络图的最后一个节点称为终点节点，它表示一项计划（或工程）的结束。其余节点都称为中间节点。任何一个中间节点既是其紧前各施工过程的结束节点，又是其紧后各施工过程的开始节点。

（2）节点的编号

网络图中的每一个节点都要编号。编号的顺序是：从起点节点开始，依次向终点节点进行。编号的原则是：每一个箭线的箭尾节点代号 i 必须小于箭头节点代号 j（即 i<j）；所有节点的代号不能重复出现。

3. 线路

从网络图的起点节点到终点节点，沿着箭线方向顺序通过一系列箭线与节点的通路，称为线路。网络图中的线路可依次用该线路上的节点代号来记述。网络图可有多条线路，每条不同的线路所需的时间之和往往各不相等，其中时间之和最大者称为"关键线路"，其余的线路为非关键线路。位于关键线路上的施工过程称为关键施工过程，这些施工过程的持续时间长短直接影响整个计划完成的时间。关键施工过程在网络图中通常用粗箭线或双箭线或彩色箭线表示。有时，在一个网络图中也可能出现几条关键线路，即这几条关键线路的施工持续时间相等。

（二）网络图的绘制

网络图的绘制是网络计划方法应用的关键。要正确绘制网络图，必须正确反映逻辑关系，遵守绘图的基本规则。

1. 逻辑关系

逻辑关系是指网络计划中所表示的各个施工过程之间的先后顺序。这种顺序关系可划分为两大类：一类是施工工艺的关系，称为工艺逻辑；另一类是施工组织的关系，称为组织逻辑。

（1）工艺逻辑

工艺逻辑是由施工工艺所决定的各个施工过程之间客观上存在的先后顺序关系。对于一个具体的分布工程来说，当确定了施工方法以后，则该分部工程的各个施工过程的先后顺序一般是固定的，有的绝对不能颠倒。

（2）组织逻辑

组织逻辑是施工组织安排中，考虑劳动力、机具、材料或工期等影响，在各施工过程之间主观上安排的先后顺序关系。这种关系不受施工工艺的限制，不是工程性质本身决定的，而是在保证施工质量、安全和工期等前提下，可以人为安排的顺序关系。

2. 绘图规则

（1）在一个网络图中，只允许有一个起点节点和一个终点节点。

（2）在网络图中，不允许出现循环回路，即不允许从一个节点出发，沿箭线方向再返回到原来的节点。

（3）在一个网络中，不允许出现同样编号的节点或箭线。

（4）在一个网络图中，不允许出现一个代号代表一个施工过程。

（5）在网络图中，不允许出现无指向箭头或有双向箭头的连线。在网络图中，应尽量减少交叉箭线，当无法避免时，应采用过桥法或断线法表示。

（6）在网络图中，不允许出现没有箭尾节点的箭线和没有箭头节点的箭线。

（7）网络图必须按已定的逻辑关系绘制。

3. 绘制步骤

（1）绘草图

绘出一张符合逻辑关系的网络图草图，其步骤是：首先画出从起点节点出发的所有箭线；接着从左至右依次绘出紧接其后的箭线，直至终点节点；最后检查网络图中各施工过程的逻辑关系。

（2）整理网络图

使网络图条理清楚、层次分明。

第三节　施工项目进度计划的实施

一、施工进度计划的实施

实施施工进度计划，要做好三项工作，即编制年、月、季、旬、周进度计划和施工任务书，通过班组实施；记录现场实际情况；调整控制进度计划。

（一）编制月、季、旬、周作业计划和施工任务书

施工组织设计中编制的施工进度计划，是按整个项目（或单位工程）编制的，也带有一定的控制性，但还不能满足施工作业的要求。实际作业时是按季、月、旬、周作业计划和施工任务书执行的。

作业计划除依据施工进度计划编制外，还应依据现场情况及季、月、旬、周的具体要求编制。计划以贯彻施工进度计划、明确当期任务及满足作业要求为前提。

施工任务书是一份计划文件，也是一份核算文件，又是原始记录。它把作业计划下达到班组，并将计划执行与技术管理、质量管理、成本核算、原始记录、资源管理等融合为一体。

施工任务书一般由工长根据计划要求、工程数量、定额标准、工艺标准、技术要求、质量标准、节约措施、安全措施等为依据进行编制。

任务书下达班组时，由工长进行交底。交底内容为：交任务、交操作规程、交施工方法、交质量、交安全、交定额、交节约措施、交材料使用、交施工计划、交奖罚要求等，做到任务明确，报酬预知，责任到人。

施工班组接到任务书后，应做好分工，安排完成，执行中要保质量，保进度，保安全，保节约，保工效高。任务完成后，班组自检，在确认已经完成后，向工长报请验收。工长验收时查数量、查质量、查安全、查用工、查节约，然后回收任务书，交作业队登记结算。

（二）做好施工记录、掌握现场施工实际情况

在施工中，如实记载每项工作的开始日期、工作进程和完成日期，记录每日完成数量，施工现场发生的情况，干扰因素的排除情况。可为计划实施的检查、分析、调整、总结提供原始资料。

（三）落实跟踪控制进度计划

检查作业计划执行中的问题，找出原因，并采取措施解决；督促供应单位按进度要求供应资料；控制施工现场临时设施的使用；按计划进行作业条件准备；传达决策人员的决策意图。

二、施工进度计划的检查

（一）检查方法

施工进度的检查与进度计划的执行是融合在一起的。计划检查是对计划执行情况的总结，是施工进度调整和分析的依据。

进度计划的检查方法主要是对比法，即实际进度与计划进度对比，发现偏差，进行调整或修改计划。

1. 用横道计划检查

双线表示计划进度，在计划图上记录的单线表示实际进度。

2. 利用网络计划检查

第一，记录实际作业时间。例如，某项工作计划为8d，实际进度为7d。

第二，记录工作的开始时期和结束时期。

第三，标注已完成工作。可以在网络图上用特殊的符号、颜色记录其完成部分，如阴影部分为已完成部分。

（二）检查内容

根据不同需要可进行日检查或定期检查。检查的内容包括：

第一，检查期内实际完成和累计完成工程量。

第二，实际参加施工的人力、机械数量与计划数。

第三，窝工人数、窝工机械台班数及其原因分析。

第四，进度偏差情况。

第五，进度管理情况。

第六，影响进度的原因及分析。

（三）检查报告

通过进度计划检查，项目经理部应向企业提月度工进度计划执行情况检查报告，其内容包括：

1. 进度执行情况综合描述。

2. 实际施工进程图。

3. 工程变更对进度影响。

4. 进度偏差的状况与导致偏差的原因分析。

5. 解决问题的措施。

6. 计划调整意见。

三、施工进度计划的调整

（一）施工进度的调整内容

施工进度计划的调整，以施工进度计划检查结果进行调整，调整的内容包括：①施工内容；②工程量；③起止时间；④持续时间；⑤工作关系；⑥资源供应。

1. 调整内容

调整上述六项中之一项或多项，还可以将几项结合起来调整，例如，将工期与资源、工期与成本、工期资源及成本结合起来调整，只要能达到预期目标，调整越少越好。

2. 关键线路长度的调整方法

当关键线路的实际长度比计划长度提前时，首先要确定是否对原计划工期予以缩短。如果不缩短，可以利用这个机会降低资源强度或费用，方法是选择后续关键工作中资源占用量大的或直接费用高的予以延长，延长的长度不应超过已完成的关键工作提前的时间量。当关键线路的实际进度比计划进度落后时，计划调整的任务是采取措施把失去的时间抢回来。

3. 非关键路线时差的调整

时差调整的目的是更充分地利用资源，降低成本，满足施工需要，时差调整的幅度不得大于计划总时差。

4. 增减工作项目

增减工作项目均不应打乱原网络计划总的逻辑关系。由于增减工作项目，只能改变局部的逻辑关系，此局部改变不影响总的逻辑关系。增加工作项目，只是对原遗漏或不具体的逻辑关系进行补充；减少工作项目，只是对提前完成了的工作项目或原不应设置的而设置了的工作项目予以删除。只有这样才是真正调整而不是"重编"。增减工作项目之后重新计算时间参数。

5. 逻辑关系调整

施工方法或组织方法改变之后，逻辑关系也应调整。

6. 持续时间的调整

原计划有误或实现条件不充分时，方可调整。调整的方法是更新估算。

7. 资源调整

资源调整应在资源供应发生异常时进行。所谓异常，即因供应满足不了需要（中断或强度降低），影响了计划工期的实现。

（二）施工进度计划调整

第一，施工进度调整应及时有效。

第二，使用网络计划进行调整，应利用关键线路。

第三，利用网络计划时差调整。调整后的进度计划要及时向班组及有关人员下达，防止继续执行原进度计划。

第四，调整后编制的施工进度计划及时下达。

第四节　施工项目进度计划的总结

施工进度计划完成后，项目经理部要及时进行施工进度控制总结。

一、施工进度计划控制总结的依据

1. 施工进度计划。
2. 施工进度计划执行的实际记录。
3. 施工进度计划检查结果。
4. 施工进度计划的调整资料。

二、施工进度计划总结内容

施工进度计划总结内容包括：合同工期目标及计划工期目标完成情况，施工进度控制经验，施工进度控制中存在的问题及分析，科学的施工进度计划方法的应用情况，施工进度控制的改进意见。

（一）合同工期目标完成情况

主要指标计算式为

合同工期节约值＝合同工期－实际工期

指令工期节约值＝指令工期－实际工期

定额工期节约值＝定额工期－实际工期

$$计划工期提前率 = \frac{(计划工期 - 实际工期)}{计划工期} \times 100\%$$

缩短工期的经济效益＝缩短一天产生的经济效益×缩短工期天数

分析缩短工期的原因，大致有以下几种：计划周密情况；执行情况；控制情况；协调情况；劳动效率。

（二）资源利用情况

所使用的指标计算式为

单方用工＝总用工数/建筑面积

劳动力不均衡系数＝最高日用工数/平均日用工数

节约工日数＝计划用工工日-实际用工工日

主要材料节约量＝计划材料用量-实际材料用量

主要机械台班节约量＝计划主要机械台班数-实际主要机械台班数

主要大型机械节约率＝$\dfrac{各种大型机械计划费用之和-实际费用之和}{各种大型机械计划费用之和}$×100%

资源节约大致原因有以下几种：计划积极可靠；资源优化效果好；按计划保证供应；认真制定并实施了节约措施；协调及时省力。

三、成本情况

主要指标计算式为

降低成本额＝计划成本-实际成本

$$降低成本率 = \frac{降低成本额}{计划成本额} \times 100\%$$

节约成本的主要原因大致如下：计划积极可靠；成本优化效果好；认真制定并执行了节约成本措施；工期缩短；成本核算及成本分析工作效果好。

四、施工进度控制经验

经验是指对成绩及其原因进行分析，为以后进度控制提供可借鉴的本质的、规律性的东西。分析进度控制的经验可以从以下几方面进行：

第一，编制什么样的进度计划才能取得较大效益。

第二，怎样优化计划更有实际意义。包括优化方法、目标、计算、电子计算机应用等。

第三，怎样实施、调整与控制计划。包括记录检查、调整、修改、节约、统计等措施。

第四，进度控制工作的创新。

第五，施工进度控制中存在问题及分析。

施工进度控制目标没有实现，或在计划执行中存在缺陷。应对存在的问题进行分析，分析时可以定量计算，也可以定性分析。对产生问题的原因也要从编制和执行计划中去找。

问题要找清，原因要查明，不能解释不清。不能遗留问题到下一控制循环中解决。

施工进度控制一般存在以下问题：工期拖后，资源浪费，成本浪费，计划变化太大等。

施工进度控制中出现上述问题的原因一般是：计划本身的原因，资源供应和使用中的原因，协调方面的原因，环境方面的原因。

第六，施工进度控制的改进意见。

对施工进度控制中存在的问题，进行总结，提出改进方法或意见，在以后的工程中加以应用。

第七章　建筑工程项目质量管理

第一节　建筑工程项目质量管理基本知识

项目质量控制是指为达到项目质量要求采取的作业技术和活动。工程项目质量要求则主要表现为工程合同、设计文件、技术规范规定的质量标准。建设工程项目质量控制按其实施者不同，包括业主方的质量控制、政府方的质量控制、承建商方的质量控制。

项目质量控制主要达到以下目标：

第一，工程设计必须符合设计承包商合同规定的规范标准的质量要求，投资额、建设规模应控制在批准的设计任务书范围内。

第二，设计文件、图纸要清晰完整，各相关图纸之间无矛盾。

第三，工程项目的设备选型、系统布置要经济合理、安全可靠、管线紧凑、节约能源。

第四，环境保护措施、"三废"处理、能源利用等要符合国家和地方政府规定的指标。

第五，施工过程与技术要求一致，与计划规范相一致，与设计质量要求相一致，符合合同要求和验收标准。

一、工程项目质量的特点

施工是形成工程项目实体的过程，也是形成最终产品质量的重要阶段。因此，施工阶段的质量控制是工程项目质量控制的重点。

由于项目施工涉及面广，是一个极其复杂的综合过程，再加上项目位置固定、生产流动、结构类型不一、质量要求不一、施工方法不一、体形大、整体性强、建设周期长、受自然条件影响大等特点，因此，施工项目的质量比一般工业产品的质量更难以控制，主要表现在以下几方面：

第一，影响质量的因素多。如设计、材料、机械、地形、地质、水文、气象、施工工艺、操作方法、技术措施、管理制度等，均直接影响施工项目的质量。

第二，容易产生质量变异。项目施工不像工业产品生产，有固定的自动性和流水线，有规范化的生产工艺和完善的检测技术，有成套的生产设备和稳定的生产环境，有相同系列规格和相同功能的产品；同时，由于影响施工项目质量的偶然性因素和系统性因素都较多，因此很容易产生质量变异。如材料性能微小的差异、机械设备正常的磨损、操作微小的变化、环境微小的波动等，均会引起偶然性因素的质量变异；当使用材料的规格、品种有误，施工方法不妥，操作不按规程，机械故障，仪表失灵，设计计算错误等，则会引起系统性因素的质量变异，造成工程质量事故。因此，在施工中要严防出现系统性因素的质量变异，要把质量变异控制在偶然性因素范围内。

第三，容易产生第一、二判断错误。施工项目由于工序交接多，中间产品多，隐蔽工程多，若不及时检查实质，事后再看表面，就容易产生第二判断错误。也就是说，容易将不合格的产品，认为是合格的产品。反之，若检查不认真，测量仪表不准，读数有误，则就会产生第一判断错误，也就是说容易将合格产品，认为是不合格的产品。这点，在进行质量检查验收时，应特别注意。

第四，质量控制具有阶段性。工程项目的建设需要经过不同的阶段，各个阶段的工作内容和工作结果都不相同，所参与的人员不同，如设计、勘察、施工等，在每个阶段针对不同的参与者和参与对象的控制重点都会不同。

第五，工程产品不能解体、拆卸，质量终检局限大。工程项目建成后，不可能像某些工业产品那样，再拆卸或解体检查其内在、隐蔽的质量，即使发现有质量问题，也不可能采取更换零件、"包换"或"退款"方式解决与处理有关质量问题，因此工程项目质量管理应特别注重质量的事前、事中控制，以防患于未然，力争将质量问题消灭于萌芽状态。

第六，质量受投资、进度要求的影响。一般情况下，投资大、进度慢，工程质量就好；反之则工程质量差。项目实施过程中，质量水平的确定尤其要考虑成本控制目标的要求。由于质量问题，预防成本和质量鉴定成本所组成的质量保证费用就会随着质量水平的提高而上升，产生质量问题后所引起的质量损失费用则随着质量水平的提高而下降。这样，由保证和提高产品质量而支出的质量保证费用，及由于未达到相应质量标准而产生的质量损失费用两者相加，所得的工程质量成本必然存在一个最小取值，这就是最佳质量成本。在工程项目质量管理实践中，最佳质量成本通常是项目管理者订立质量目标的重要依据。

二、工程项目质量的影响因素

影响施工项目质量的因素主要有五大方面，即4M1E，指：人（Man）、材料（Material）、机械（Machine）、方法（Method）和环境（Environment），事前对这五方面的因素严加控制，是保证施工项目质量的关键。

（一）人的控制

人，是指直接参与施工的组织者、指挥者和操作者。人，作为控制的对象，是要避免产生失误；作为控制的动力，是要充分调动人的积极性，发挥人的主导作用。除了加强政治思想教育、劳动纪律教育、职业道德教育、专业技术培训，健全岗位责任制，改善劳动条件，公平合理地激励劳动热情以外，还需要根据工程特点，从确保质量出发，在人的技术水平、人的生理缺陷、人的心理行为、人的错误行为等方面来控制人的使用。如对技术复杂、难度大、精度高的工序或操作，应由技术熟练、经验丰富的工人来完成；反应迟钝、应变能力差的人，不能操作快速运行、动作复杂的机械设备；对某些要求万无一失的工序和操作，一定要分析人的心理行为，控制人的思想活动，稳定人的情绪；对具有危险源的现场作业，应控制人的错误行为，严禁吸烟、打赌、嬉戏、误判断、误动作等。

此外，应严格禁止无技术资质的人员上岗操作；对不懂装懂、图省事、碰运气、有意违章的行为，必须及时制止。总之，在使用人的问题上，应从政治素质、思想素质、业务素质和身体素质等方面综合考虑，全面控制。

（二）材料的控制

材料控制包括原材料、成品、半成品、构配件等的控制，主要是严格检查验收，正确合理地使用，建立管理台账，进行收、发、储、运等各环节的技术管理，避免混料和将不合格的原材料使用到工程上。

（三）机械控制

机械控制包括施工机械设备、工具等控制。要根据不同工艺特点和技术要求，选用合适的机械设备；正确使用、管理和保养好机械设备。为此要健全"人机固定"制度、"操作证"制度、岗位责任制度、交接班制度、"技术保养"制度、"安全使用"制度、机械设备检查制度等，确保机械设备处于最佳使用状态。

（四）方法控制

这里所指的方法控制，包含施工方案、施工工艺、施工组织设计、施工技术措施等的控制，主要应切合工程实际、能解决施工难题、技术可行、经济合理，有利于保证质量、加快进度、降低成本。

（五）环境控制

影响工程质量的环境因素较多，有工程技术环境，如工程地质、水文、气象等；工程管理环境，如质量保证体系、质量管理制度等；劳动环境，如劳动组合、作业场所、工作面等。环境因素对工程质量的影响，具有复杂而多变的特点，如气象条件，像温度、湿度、大风、暴雨、酷暑、严寒都直接影响工程质量。又如前一工序往往就是后一工序的环境，前一分项、分部工程也就是后一分项、分部工程的环境。因此，根据工程特点和具体条件，应对影响质量的环境因素，采取有效的措施严加控制。尤其是施工现场，应建立文明施工和文明生产的环境，保持材料工件堆放有序，道路畅通，工作场所清洁整齐，施工程序井井有条，为确保质量、安全创造良好条件。

三、工程项目质量管理的原则

通常，工程项目质量管理的原则主要有以下几方面：

第一，"质量第一"是根本出发点。在质量与进度、质量与成本的关系中，要认真贯彻保证质量的方针，做到好中求快，好中求省，而不能以牺牲工程项目质量为代价，盲目追求速度与效益。

第二，以预防为主的思想。好的工程项目产品是由好的决策、好的规划、好的设计、好的施工所产生的，而不是检查出来的，必须在工程项目质量形成的过程中，事先采取各种措施，消除种种不符合质量要求的因素，使工程项目质量处于相对稳定的状态之中。

第三，为用户服务的思想。真正好的质量是用户完全满意的质量，要把一切为了用户的思想作为一切工作的出发点，贯穿到工程项目质量形成的各项工作中，在内部树立"下道工序就是用户"的思想，要求每道工序和每个岗位都要立足于本职工作的质量管理，不给下道工序遗留问题，以保证工程项目质量和最终质量能使用户满意。

第四，一切用数据说话。依靠确切的数据和资料，应用数理统计方法，对工作对象和工程项目实体进行科学的分析和整理，研究工程项目质量的波动情况，寻求影响工程项目质量的主次原因，采取有效的改进措施，掌握保证和提高工程项目质量的客观规律。

四、工程项目质量管理工作的内容

工程项目质量管理工作的内容包括质量教育、质量管理的标准化、质量信息管理和建立健全质量责任制。

（一）质量教育

为了保证和提高工程项目质量，必须加强全体职工的质量教育：质量意识教育，使全体职工认识到保证和提高工程项目质量对国家、企业和个人的重要意义，树立"质量第一"和"为用户服务"的思想；普及宣传教育质量管理知识，使企业全体职工，了解质量管理知识的基本思想、基本内容，掌握常用的数理统计方法和质量标准，懂得质量管理小组的性质，任务和工作方法等；进行技术培训，让工人熟练掌握本人的"应知应会"技术和操作规程等。技术和管理人员要熟悉施工验收规范、质量评定标准、原材料、构配件和设备的技术要求及质量标准，以及质量管理的方法等。专职质量检验人员能正确掌握检验、测量和试验方法，熟练使用其仪器、仪表和设备。

（二）质量管理的标准化

质量管理的标准化包括技术工作和管理工作的标准化。技术工作标准有产品质量标准、操作标准、各种技术定额等，管理工作标准有各种管理业务标准、工作标准等，即管理工作的内容、方法、程序和职责权限。不断提高标准化程度，各种标准要齐全、配套和完整，并在贯彻执行中及时总结、修订和改进；加强标准化的严肃性，认真严格执行，使各种标准真正起到法规作用。

质量管理的计量工作包括生产时的投料计量，生产过程中的监测计量和对原材料、半成品、成品的试验、检测、分析计量等。搞好质量管理计量工作，要求合理配备计量器具和仪表设备，且妥善保管；制定有关测试规程和制度，合理使用计量器具；改革计量器具和测试方法，实现检测手段现代化。

（三）质量信息管理

质量信息是反映产品质量、工作质量的有关信息。其来源：一是通过对工程项目使用情况的回访调查或收集用户的意见；二是从企业内部收集到的基本数据、原始记录等信息；三是从国内外同行业收集的反映质量发展的新水平、新技术的有关信息等。做好质量信息工作是有效实现"预防为主"方针的重要手段。其基本要求是准确、及时、全面、系统。

（四）建立健全质量责任制

建立健全质量责任制使企业每一个部门、每一个岗位都有明确的责任，形成一个严密的质量管理工作体系。它包括各级行政领导和技术负责人的责任制、管理部门和管理人员的责任制和工人岗位责任制。其主要内容有以下几点：

1. 建立质量管理体系，开展全面质量管理工作。

2. 建立健全保证质量的管理制度，做好各项基础工作。

3. 组织各种形式的质量检查，经常开展质量动态分析，针对质量通病和薄弱环节，制定措施加以防治。

4. 认真执行奖惩制度，奖励表彰先进单位或个人，积极发动和组织各种质量竞赛活动。

5. 组织对重大质量事故的调查、分析和处理。

第二节　建筑工程项目质量控制

质量控制是指致力于满足质量要求的活动，是质量管理的一部分。工程施工是实现工程设计意图，形成工程实体的阶段，是最终形成工程产品质量和项目使用价值的重要阶段。建筑工程项目施工阶段的质量控制是整个工程项目质量控制的关键环节。

一、工程项目质量控制的原则

对施工项目而言，质量控制就是为了确保合同、规范所规定的质量标准，所采取的一系列检测、监控措施、手段和方法。在进行施工项目质量控制过程中，必须遵循以下几点原则：

第一，坚持"质量第一，用户至上"。社会主义商品经营的原则是"质量第一，用户至上"。建筑产品作为一种特殊的商品，使用年限较长，是"百年大计"，直接关系到人民生命财产的安全。所以，工程项目在施工中应自始至终地把"质量第一，用户至上"作为质量控制的基本原则。

第二，"以人为核心"。人是质量的创造者，质量控制必须"以人为核心"，把人作为控制的动力，调动人的积极性、创造性；增强人的责任感，树立"质量第一"观念；提高人的素质，避免人的失误；以人的工作质量保工序质量、促工程质量。

第三，"以预防为主"。"以预防为主"，就是要从对质量的事后检查把关，转向对质量的事前控制、事中控制；从对产品质量的检查，转向对工作质量的检查、对工序质量的检查、对中间产品的质量检查，这是确保施工项目的有效措施。

第四，坚持质量标准、严格检查，一切用数据说话。质量标准是评价产品质量的尺度，数据是质量控制的基础和依据。产品质量是否符合标准，必须通过成格检查，用数据说话。

第五，贯彻科学、公正、守法的职业规范。建筑施工企业的项目经理，在处理质量问题过程中，应尊重客观事实，尊重科学，正直、公正，不持偏见；遵纪、守法，杜绝不正之风；既要坚持原则、严格要求、秉公办事，又要谦虚谨慎、实事求是、以理服人、热情好助。

二、工程项目质量控制的阶段

为了加强对施工项目的质量控制，明确各施工阶段质量控制的重点，可把施工项目质量分为事前控制、事中控制和事后控制三个阶段。

（一）事前质量控制

事前质量控制指在正式施工前进行的质量控制，其控制重点是做好施工准备工作，且施工准备工作要贯穿于施工全过程中。

1. 施工准备的范围

施工准备的范围主要包括以下几个方面：

1. 全场性施工准备。全场性施工准备是以整个项目施工现场为对象而进行的各项施工准备。

2. 单位工程施工准备。单位工程施工准备是以一个建筑物或构筑物为对象而进行的施工准备。

3. 分项（部）工程施工准备。分项（部）工程施工准备是以单位工程中的一个分项（部）工程或冬、雨期施工为对象而进行的施工准备。

4. 项目开工前的施工准备。项目开工前的施工准备是在拟建项目正式开工前所进行的一切施工准备。

5. 项目开工后的施工准备。项目开工后的施工准备是在拟建项目开工后，每个施工阶段正式开工前所进行的施工准备，如混合结构住宅施工，通常分为基础工程、主体工程和装饰工程等施工阶段，每个阶段的施工内容不同，其所需的物质技术条件、组织要求和现场布置也不同，因此，必须做好相应的施工准备。

2. 施工准备的内容

施工准备的内容主要包括以下几个方面：

（1）技术准备

技术准备包括：①项目扩大初步设计方案的审查；②熟悉和审查项目的施工图纸；③项目建设地点的自然条件、技术经济条件调查分析；④编制项目施工图预算和施工预算；⑤编制项目施工组织设计等。

（2）物质准备

物质准备包括：①建筑材料准备；②构配件和制品加工准备；③施工机具准备；④生产工艺设备的准备等。

（3）组织准备

组织准备包括：①建立项目组织机构；②集结施工队伍；③对施工队伍进行入场教育等。

（4）施工现场准备

施工现场准备包括：①控制网、水准点、标桩的测量；②"五通一平"，生产、生活临时设施等的准备；③组织机具、材料进场；④拟订有关试验、试制和技术进步项目计划；⑤编制季节性施工措施；⑥制定施工现场管理制度等。

（二）事中质量控制

事中质量控制指在施工过程中进行的质量控制。事中质量控制的策略是全面控制施工过程，重点控制工序质量。

其具体措施是：工序交接有检查；质量预控有对策；施工项目有方案；技术措施有交底；图纸会审有记录；配制材料有试验；隐蔽工程有验收；计量器具校正有复核；设计变更有手续；质量处理有复查；成品保护有措施；行使质控有否决（如发现质量异常、隐蔽未经验收、质量问题未处理、擅自变更设计图纸或使用不合格材料、无证上岗未经资质审查的操作人员等，均应对质量予以否决）；质量文件有档案（凡是与质量有关的技术文件，如水准、坐标位置、测量、放线记录，沉降、变形观测记录，图纸会审记录，材料合格证明、试验报告，施工记录，隐蔽工程记录，设计变更记录，调试、试压运行记录，试车运转记录，竣工图等都要编目建档）。

（三）事后质量控制

事后质量控制指在完成施工过程形成产品的质量控制，其具体工作内容主要有以下几个方面：

第一，组织联动试车。

第二，准备竣工验收资料，组织自检和初步验收。

第三，按规定的质量评定标准和办法，对完成的分项、分部工程，单位工程进行质量评定。

第四，组织竣工验收，其标准是：①按设计文件规定的内容和合同规定的内容完成施工，质量达到国家质量标准，能满足生产和使用的要求；②主要生产工艺设备已安装配套，联动负荷试车合格，形成设计生产能力；③交工验收的建筑物要窗明、地净、水通、灯亮、气来、采暖通风设备运转正常；④交工验收的工程内净外洁，施工中的残余物料运离现场，灰坑填平，临时建（构）筑物拆除，2 m以内地坪整洁；⑤技术档案资料齐全。

三、施工项目质量控制的方法

施工项目质量控制的方法，主要是审核有关技术文件、报告和直接进行现场检查或必要的试验等。

（一）审核有关技术文件、报告或报表

对技术文件、报告、报表的审核是项目经理对工程质量进行全面控制的重要手段，其具体内容有以下几个方面：

1. 审核有关技术资质证明文件。

2. 审核开工报告并经现场核实。

3. 审核施工方案、施工组织设计和技术措施。

4. 审核有关材料、半成品的质量检验报告。

5. 审核反映工序质量动态的统计资料或控制图表。

6. 审核设计变更、修改图纸和技术核定书。

7. 审核有关质量问题的处理报告。

8. 审核有关应用新工艺、新材料、新技术、新结构的技术鉴定书。

9. 审核有关工序交接检查、分项、分部工程质量检查报告。

10. 审核并签署现场有关技术签证、文件等。

（二）现场质量检查

1. 现场质量检查的内容

现场质量检查的内容主要包括以下几个方面：

（1）开工前检查。其目的是检查是否具备开工条件，开工后能否连续正常施工，能否保证工程质量。

（2）工序交接检查。对于重要的工序或对工程质量有重大影响的工序，在自检、互检的基础上，还要组织专职人员进行工序交接检查。

（3）隐蔽工程检查。凡是隐蔽工程均应检查认证后方能掩盖。

（4）停工后复工前的检查。因处理质量问题或某种原因停工后需复工时，亦应经检查认可后方能复工。

（5）分项、分部工程完工后，应经检查认可，签署验收记录后，才许进行下一工程项目施工。

（6）成品保护检查。检查成品有无保护措施，或保护措施是否可靠。

此外，还应经常深入现场，对施工操作质量进行巡视检查；必要时，还应进行跟班或追踪检查。

2. 现场质量检查的方法

现场进行质量检查的方法有目测法、实测法和试验法三种：

（1）目测法

其手段可归纳为看、摸、敲、照四个字。

①看。看就是根据质量标准进行外观目测。如墙纸裱糊质量应是：纸面无斑痕、空鼓、气泡、折皱；每一墙面纸的颜色、花纹一致；斜视无胶痕，纹理无压平、起光现象；对缝无离缝、搭缝、张嘴；对缝处图案、花纹完整；裁纸的一边不能对缝，只能搭接；墙纸只能在阴角处搭接，阳角应采用包角等。

②摸。摸就是手感检查，主要用于装饰工程的某些检查项目，如水刷石、干粘石黏结牢固程度，油漆的光滑度，浆活是否掉粉，地面有无起砂等，均可通过手摸加以鉴别。

③敲。敲是运用工具进行音感检查。对地面工程、装饰工程中的水磨石、面砖、锦砖和大理石贴面等，均应进行敲击检查，通过声音的虚实确定有无空鼓，还可根据声音的清脆和沉闷，判定属于面层空鼓或底层空鼓。此外，用手敲玻璃，如发出颤动音响，一般是底灰不满或压条不实。

④照。照就是通过人工光源或反射光照射，检查难以看到或光线较暗的部位，例如，管道井、电梯井等内部管线、设备安装质量，装饰吊顶内连接及设备安装质量等。

（2）实测法

这就是通过实测数据与施工规范及质量标准所规定的允许偏差对照，来判别质量是否合格。实测检查法的手段，也可归纳为靠、吊、量、套四个字。

①靠。靠是用直尺、塞尺检查墙面、地面、屋面的平整度。

②吊。吊是用托线板以线锤吊线检查垂直度。

③量。量是用测量工具和计量仪表检查断面尺寸、轴线、标高、湿度、温度等的偏差。

④套。套是以方尺套方，辅以塞尺检查。如对阴阳角的方正、地脚线的垂直度、预制构件的方正等项目的检查。对门窗口及构配件的对角线检查，也是套方的特殊手段。

（3）试验检查

这是指必须通过试验手段，才能对质量进行判断的检查方法。如对桩或地基的静载试验，确定其承载力；对钢结构进行稳定性试验，确定是否产生失稳现象；对钢筋对焊接头进行拉力试验，检验焊接的质量等。

第三节　工程项目质量管理体系

质量管理体系是指实施质量控制所需的组织结构、程序、过程和资源。

一、质量管理的八项原则

GB/T 19000 质量管理体系标准是我国按等同原则，从 2008 年版 ISO 9000 族国际标准转化而成的质量管理体系标准，八项质量管理原则是 2008 年版 ISO 9000 族标准的编制基础，也是世界各国质量管理成功经验的科学总汇。它的贯彻执行能促进企业管理水平的提高，并提高顾客对其产品或服务的满意程度，帮助企业达到持续成功的目的。

八项质量管理原则具体指以顾客为关注焦点、领导作用、全员参与、过程方法、管理的系统方法、持续改进、基于事实的决策方法、与供方互利的关系。

（一）以顾客为关注焦点

组织（从事一定范围生产经营活动的企业）依存于其顾客，组织应理解顾客当前的和未来的需求，满足顾客要求，并争取超越顾客的期望。

一个组织在经营上取得成功的关键是生产和提供的产品能够持续地符合顾客的要求，并得到顾客的满意和信赖。这就需要通过满足顾客的需要和期望来实现。因此，一个组织应始终密切地关注顾客的需求和期望，通过各种途径准确地了解和掌握顾客一般和特定的要求，包括顾客当前和未来的、发展的需要和期望。这样才能瞄准顾客的全部要求，并将其要求正确、完整地转化为产品规范和实施规范，确保产品的适用性质量和符合性质量。另外，必须注意顾客的要求并非是一成不变的。随着时间的迁移，特别是技术的发展，顾客的要求也会发生相应的变化。因此，组织必须动态地聚焦于顾客，及时掌握变化着的顾客要求，进行质量改进，力求同步地满足顾客要求并使顾客满意。

（二）领导作用

领导必须将本组织的宗旨、方向和内部环境统一起来，并创造使员工能够充分参与实现组织目标的环境。领导的作用，即最高管理者具有决策和领导一个组织的关键作用。为了营造一个良好的环境，最高管理者应建立质量方针和质量目标，确保关注顾客要求，确保建立和实施一个有效的质量管理体系，确保应有的资源，并随时将组织运行的结果与目标比较，根据情况决定实现质量方针、目标的措施，以及持续改进的措施。在领导作风上还要做到透明、务实和以身作则。

（三）全员参与

各级成员都是组织之本，只有全员充分参与，才能使他们的才干为组织带来收益。产品质量是产品形成过程中全体人员共同努力的结果，其中也包含为他们提供支持的管理、检查和行政人员的贡献。企业领导应对员工进行质量意识等各方面的教育，激发他们的积极性和责任感，为其能力、知识、经验的提高提供机会，发挥创造精神，鼓励持续改进，给予必要的物质和精神鼓励，使全员积极参与，为达到让顾客满意的目标而奋斗。

（四）过程方法

将相关的资源和活动作为过程进行管理，可以更高效地得到期望的结果。任何使用资源生产活动和将输入转化为输出的一组相关联的活动都可视为过程。2008 年版 ISO 9000 标准是建立在过程控制的基础上。一般在过程的输入端、过程的不同位置及输出端都存在着可以进行测量、检查的机会和控制点，对这些控制点实行测量、检测和管理，便能控制过程的有效实施。

（五）管理的系统方法

系统管理是指将相互关联的过程作为系统加以识别、理解和管理，有助于组织提高实现目标的有效性和效率。系统方法的特点在于识别这些活动所构成的过程，分析这些过程之间的相互作用和相互影响的关系，按照某种方法或规律将这些过程有机地组合成一个系统，管理由这些过程构筑的系统，使之能协调地运行。管理的系统方法是系统论在质量管理中的应用。

（六）持续改进

持续改进总体业绩是组织的一个永恒目标，其作用在于增强企业满足质量要求的能力，包括产品质量、过程及体系的有效性和效率的提高。持续改进是增强和满足质量要求能力的循环活动，使企业的质量管理走上了良性循环的轨道。

（七）基于事实的决策方法

有效的决策应建立在数据和信息分析的基础上，数据和信息分析是事实的高度提炼。以事实为依据做出决策，可防止决策失误。为此企业领导应重视数据信息的收集、汇总和分析，以便为决策提供依据。

（八）与供方互利的关系

组织与供方是相互依存的，建立双方的互利关系可以增强双方创造价值的能力。供方提供的产品是企业提供产品的一个组成部分，处理好与供方的关系，涉及企业能否持续稳定地提供顾客满意产品的重要问题。

组织的市场扩大，则为供方或合作伙伴增加了更多合作的机会。所以，组织与供方或合作伙伴的合作与交流是非常重要的。合作与交流必须是坦诚和明确的。合作与交流的结果是最终促使组织与供方或合作伙伴均增强了创造价值的能力，使双方都获得效益。

二、工程项目质量管理体系的建立

项目组织建立质量管理体系一般是与项目部所在企业一起，建立建筑企业的质量管理体系。建立的程序可按以下步骤进行：

（一）领导决策

建立质量管理体系首先要领导做出决策，为此，领导应充分了解 GB/T 19000 族质量管理体系标准，认识到建立质量管理体系的必要性和重要性，能一如既往地领导和支持建立质量管理体系，并开展各项工作。管理团队要统一思想、提高认识，在此基础上做出贯标的决策。

（二）组织落实

成立贯标领导小组，由企业总经理担任领导小组组长，主管企业质量工作的副总经理任副组长，具体负责贯标的实施工作。领导小组成员由各职能管理部门、计量监督部门、各项目部经理以及部分员工代表组成。一般在质量管理体系涉及的每个部门和不同专业施工的班组应有代表参加。

（三）制订工作计划

制订贯标工作计划是建立质量管理体系的保证。工作计划一般分为五个阶段，每个阶段持续时间的长短视企业规模而定。五个阶段的主要内容如下：

1. 建立质量管理体系的准备工作，如组织准备、动员宣传、骨干培训等。

2. 质量管理体系总体设计，包括制定质量方针和目标、实施过程、确定质量管理体系要素、组织结构、资源及配备方案等。

3. 质量管理体系文件编制，主要有质量手册、程序文件、质量记录以及内部与外部制度等。

4. 质量管理体系的运行和质量管理体系的认证。

5. 在质量管理体系建立后，经过试运行，要首先进行内部审核和评审，提出改进措施，验证合格后方可提出认证申请，请第三方进行质量管理体系认证。

（四）组织宣传和培训

首先由企业总经理宣讲质量管理体系标准的重要意义，宣读贯标领导小组名单，以表明组织领导者的高度重视。培训工作分三个层次展开：一是建立质量管理体系之前，企业要选派部分骨干进行内审员资格培训；二是中层以上干部和领导小组成员学习质量管理标准文件 GB/T 19000 族标准、技术规范、法规及其他非正式发布的标准；三是组织全体员工学习各种管理文件、项目质量计划、质量目标以及有关的质量标准，一般可聘请专业咨询师进行讲解，使全体员工能统一、正确地加以理解。

（五）质量管理体系设计

质量管理体系涉及的内容较多，应结合企业自身的特点，在现有的质量管理工作基础上，按照 GB/T19001—2008《质量管理体系要求》，进行企业的质量管理体系设计。其主要内容包括确定企业生产活动过程、制定质量方针目标、确定企业质量管理体系要素、确定组织机构与相应职责、资源配置、质量管理体系的内审和第三方审核等。

（六）质量管理体系文件的编制

工程项目质量管理体系文件包括以下三个层次：

①层次 A 为质量子册，称为第一级文件，主要是企业组织结构、质量方针和目标、质量管理体系要素和过程描述等质量管理体系的整体描述；②层次 B 为质量管理体系程序，称为第二级文件，主要是描述实施质量管理体系要素所涉及的各个过程以及各职能部门文件；③层次 C 为质量文件，称为第三级文件，主要是部门工作手册，作为各部门运行质量管理体系的常用实施细则包括管理标准（各种管理制度等）、工作标准（岗位责任制和任职要求等）、技术标准（国家标准、行业标准、企业标准及作业指导书、检验规范等）和部门质量记录文件等。

1. 质量手册

质量手册是组织建立质量管理体系的纲领性文件，也是指导企业进行质量管理活动的核心文件。质量手册的内容包括企业的质量方针和质量目标；组织机构和质量职责；各项质量活动的基本控制程序或体系要素；质量评审、修改和控制的管理办法。编制质量手册的基本要求主要有以下几个：

（1）符合性

质量手册必须符合质量方针和目标，符合有关质量工作的各项法规、法律、条令和标准的规定。

（2）确定性

质量手册应能对所有影响质量的活动进行控制，重视并采取预防性措施以避免问题的发生，同时还要具备对发现的问题能做出反应并加以纠正的能力。

（3）系统性

质量体系文件应反映一个组织的系统特性，应对产品质量形成全过程中各阶段影响质量技术管理人员等因素进行控制，做出系统规定，做到层次清楚、结构合理、内容得当。

（4）协调性

质量手册所阐述的内容要与企业的管理标准、规章制度保持协调一致，使企业各部门对有关的质量工作有一个统一的认识，使各项质量活动的责任真正落到实处。

（5）可行性

质量手册既要有一定的先进性，又要结合企业的实际情况，充分考虑企业在管理、技术、人员等方面的实际水平，确保文件规定内容切实可行。

（6）可检查性

质量手册所确定的目标应是可测量的，必须对所涉及各部门和岗位的质量职责、质量活动等各项规定有明确的定量和定性的要求，以便监督和检查。

2. 程序文件

质量管理体系程序是对实施质量管理体系要素所涉及的各职能部门的各项活动所采取方法的具体描述，应具有可操作性和可检查性，程序文件通常包括活动的目的和范围以及具体实施的步骤。通常按 5W1H 原则来描述，即 Why（为什么做）、What（做什么）、Who（谁来做）、Where（在哪里做）、When（什么时候做）、How（怎么做、依据什么和用什么方法）。

3. 质量计划

为确保过程的有效运行和控制，在程序文件的指导下，针对特定的产品、过程、合同或项目规定专门的质量措施和活动顺序的文件。质量手册和质量管理体系程序所规定的是通用的要求和方法，适用于所有的产品。而质量计划是针对于某产品、项目或合同的特定要求编制的质量控制方案，它与质量手册和质量管理体系程序一起使用。顾客可以通过质量计划来评定组织是否能履行合同规定的质量要求。

质量计划中应包括应达到的质量目标；该项目各阶段的责任和权限；应采用的特定程序、方法、作业指导书；有关阶段的试验、检验和审核大纲；随项目的进展而修改和完善质量计划的方法；为达到质量目标必须采取的其他措施等。

4. 质量记录

质量记录是证明各阶段产品质量达到要求和质量体系运行有效性的证据，是产品质量水平和质量体系中各项质量活动进行及结果的客观反映。对质量体系程序文件所规定的运行过程及控制测量检查的内容如实加以记录，用以证明产品质量对合同中提出的质量保证的满足程度，验证质量体系的有效运行。

质量记录包括设计、检验、调研、审核和评审的质量记录。如果在控制体系中出偏差，则质量记录不仅须反映偏差情况，而且应反映出针对不足之处采取的纠正措施以及纠正效果。质量记录应完整地反映质量活动实施、验证和评审的情况，并记载关键活动的过程参数，一旦发生问题，应能通过记录找出原因并有针对性地采取有效措施。

三、工程项目质量管理体系的运行

质量管理体系文件编制完成以后，即进入质量管理体系的实施运行阶段，体系的运行一般可分为三个阶段：准备阶段、试运行阶段和正式运行阶段。

（一）准备阶段

在完成质量管理体系的有关组织结构、骨干培训、文件编制等工作之后，企业组织进入质量管理体系运行的准备阶段。这阶段包括的工作包括以下几个方面：

1. 选择试点项目，制订项目试运行计划。

2. 全员培训。对全体员工按照制定的质量管理体系标准进行系统培训，特别注重实践操作的培训。内审员及咨询师应给予积极的指导和帮助，使企业组织的全体人员从思想和行动上进入质量管理体系的运行状态。

3. 各种资料、文件、指示发放到位。

4. 有一定的专项经费支持。

（二）试运行阶段

工程项目质量管理体系试运行阶段的主要工作内容包括以下几个方面：

1. 对质量管理体系中的重点要素进行监控，观察程序执行情况，并与标准对比，找出偏差。

2. 针对找出的偏差，分析、验证产生偏差的原因。

3. 针对原因制定纠正措施。

4. 下达纠正措施的文件通知单，并在规定的期限内进行现场验证。

5. 通过征求企业组织各职能部门、各层次人员对质量管理体系运行的意见，仔细分析存在的问题，确定改进措施，并同时对质量管理体系文件按照文件修改程序进行及时修改。

（三）正式运行阶段

经过试运行阶段，并修改、完善质量管理体系之后，可进入质量管理体系的正式运行阶段，这一阶段的重点活动主要有以下几个方面：

第一，对过程、产品（或服务）进行测量和监督。在质量管理体系的运行中，需要对产品、项目实现中的各个过程进行控制和监督，根据质量管理体系程序的规定，对监控的信息进行对比分析，确定每一个过程是否达到质量管理体系程序的标准。经过对过程质量进行评价并制定出相应的纠正措施。

第二，质量管理体系的协调。质量管理体系的运行是整个组织及全体员工共同参与的，因此存在组织协调问题，以保证质量管理体系的运行效率和有效性。组织协调包括内部协调和外部协调两个方面。内部协调主要是依靠执行各项规章制度，提高人员基本素质，培养员工的整体观念和协作精神，各部门、人员的责任边界通过合理的制度来划清等；外部协调主要依靠严格遵纪守法，树立战略眼光和争取双赢的观念，同时要严格执行有关的法律、法规及合同。

第三，内部审核和外部审核。质量管理体系审核的目的是确定质量管理体系要素是否符合规定要求，能否实现组织的质量目标以及是否符合 GB/T 19001—2008 的各项标准，并根据审核结果为质量管理体系的改进和完善提供修正意见。内部审核时，参加内部审核的内审员与被审核部门应无利益、利害关系，以保证审核工作及结果的公正性；外部审核包括第二方和第三方审核两种，多数情况下都是第三方审核。一般要求第三方为独立的质量管理认证机构，审核的内容基本相同。

第四节　质量控制数理统计方法

数理统计分析法是通过统计的方法，通过收集、整理质量数据，分析发现质量问题，从而及时采取对策和措施，避免和预防质量事故。其主要有因果分析图法、排列图法、频数直方图法和分层法。

一、因果分析图法

因果分析图法是通过因果图表现出来,因果图又称特性要因图。因为这种图反映的因果关系直观、醒目、条理分明,用起来比较方便,效果好,所以得到了许多企业的重视。其运用于项目管理中,就是以结果作为特性,以原因作为因素,逐步深入研究和讨论项目目前存在问题的方法。

(一)因果分析图的绘制

不同类型的因果分析图的绘制步骤有所不同。以混凝土强度不足的质量问题为例,说明原因罗列型因果分析图的绘制步骤。

1. 决定特性

此处所说的特性就是需要解决的质量问题,放在主干箭头的前面。本例的特性是混凝土强度不足。

2. 确定影响质量特性的大原因

确定影响质量特性的大原因的主要工作内容如下:

(1)影响混凝土强度的大原因主要有人、材料、工艺、设备和环境五个方面。

(2)进一步确定中、小原因。围绕着大原因进行层层分析,确定影响混凝土强度的中、小原因(中、小、更小)。

(3)补充遗漏的因素。发扬民主,反复讨论,补充遗漏的因素。

(4)制定对策。针对影响质量的因素,有针对性地制定对策,并落实解决问题的人和时间,通过对策计划表的形式加以表达,并限期改正。

(二)应用因果分析图法的注意事项

因果分析图法应用时的主要注意事项有以下几个方面:

1. 一个质量特性或质量问题用一张图纸分析。

2. 一般采用质量控制小组活动的方式进行,集思广益,共同分析。

3. 必要时可邀请小组之外的有关人员参与,广泛听取意见。

4. 分析时要层层深入,排除所有可能因素。

5. 在充分分析的基础上,由各参与人员采用投票或其他方式,从中选出多数人达成共识的最主要原因。

二、排列图法

排列图法也叫主次因素排列图，其原理就是按照出现的各种质量问题的频数，依照大小顺序排列，寻找出造成质量问题的主要因素和次要因素，以便抓住主要矛盾，采取措施把问题解决。

排列图有两个纵坐标，一个横坐标。左纵坐标表示频数，即某种因素发生的次数；右纵坐标表示频率，即某种因素发生的累计频率；横坐标表示影响项目质量的各个因素或项目，按影响质量程度的大小，从左到右依次排列。该图由若干个按频数大小依次排列的直方柱和一条累计频率曲线所组成。

在排列图中，通常将累计频率曲线的累计百分数分为三级，与此对应的因素分为三类：A 类因素对应于累计频率在 0~80%，是影响项目质量的主要因素；B 类因素对应于频率 80%~90%，是次要因素；C 类因素对应于频率 90%~100%，是影响项目质量的一般因素。

排列图法的绘制要点主要有以下几点：

第一，按不同的项目（因素）进行分类，分类项目要具体明确，尽量使各个影响质量的因素之间的数据有明显差别，以便突出主要因素。

第二，数据要取足，代表性要强，以确保分析判断的可靠性。

第三，适当合并一般因素。通常情况下，不太重要的因素可以列出很多项，为简化作图，常将这些因素合并为其他项，放在横坐标的末端。

第四，对影响因素进行层层分析。在合理分层的基础上，分别确定各层的主要因素及其相互关系。分层绘制排列图可以步步深入，最终确定影响质量的根本原因。

三、频数直方图法

为了能够比较准确地反映出质量数据的分布状况，可以用横坐标标注质量特性值，纵坐标标注频数或频率值，各组所包含数据的频数或频率的大小用直方柱的高度表示，这种图形称为直方图。以频数为纵坐标的直方图称为频数直方图，以频率为纵坐标的直方图称为频率直方图。

（一）频数直方图的绘制

频数直方图的具体绘制步骤如下：

1. 收集整理数据。用随机抽样的方法抽取数据，一般要求数据在 50 个以上，并按先后顺序排列。

2. 计算极差 R。极差是指一组数据中最大数据与最小数据的差，即

$$R = X_{\max} - X_{\min} \qquad (7-1)$$

3. 确定组数和组距。把全体样本分成的组的个数称为组数；把所有数据分成若干个组，每个小组的两个端点的距离称为组距。

根据最大数据与最小数据的差值，决定组距的大小，组距和组数的确定没有固定的标准，一般数据越多，分成的组数就越多，当数据不超过 50 个时，可以分 5~7 组；当数据在 50~100 时，一般分 8~12 组。分组要恰当，如果分得太多，则画出的直方图呈"锯齿状"，从而看不出明显的规律；如分得太少，会掩盖组内数据变动的情况，组距可按公式（7-2）计算：

$$h = \frac{R}{k} \qquad (7-2)$$

式中，h 为组距；R 为极差；k 为组数。

4. 计算各组的界限位中各组的界限位可以从第一组开始依次计算，第一组的下界为最小值减去组距的一半，第一组的上界为其下界值加上组距。第二组的下界限位为第一组的上界限值，第二组的下界限值加上组距就是第二组的上界限位，依此类推。

5. 编制数据频数统计表。落在不同小组中的数据个数为该组的频数。各组的频数之和等于这组数据的综合。

6. 绘制频数直方图。在频数直方图中，横坐标表示质量的特性值，标出各组的组限值。根据所统计的数据频数统计表画出一组距为底，频数为高的直方形，便得到所要的频数直方图。

（二）频率直方的观察分析

从表面上看，直方图表现了所取数据的分布，但其实质反映了数据所代表的生产过程的分布，即生产过程的状态。直方图形象直观地反映了数据分布情况，通过对直方图的观察和分析，可以判断生产过程是否稳定，及其质量情况。直方图图形分为正常型和异常型。

1. 正常型

正常型直方图的图形为左右大体对称的山峰形状。图的中部有一峰值，两侧的分布大体对称，且越偏离峰值直方柱的高度越小，符合正态分布。表明这批数据所代表的工序处于稳定状态。

2. 异常型

与正常型分布状态相比，带有某种缺陷的直方图为异常型直方图。表明这批数据所代

表的工序处于不稳定状态。常见的异常型直方图有以下几种：

（1）锯齿型

直方图出现参差不齐的形状，即频数不是相邻区间减少，而是隔区间减少，形成了锯齿状。造成这种现象的原因不是质量数据本身的问题，而主要是绘制直方图时分组过多或测量仪器精度不够造成的。

（2）偏向型

直方的顶峰偏向一侧。这往往是由于只控制一侧界限，或一侧控制严格，另一侧控制宽松所造成的。仅控制下限或下限控制严、上限控制宽时多呈现左偏峰型；仅控制上限或上限控制严、下限控制宽时多呈现右偏峰型。

（3）孤岛型

在远离主分布中心处出现孤立的小直方。这表明项目在某一短时间内受到异常因素的影响，使生产条件突然发生较大变化，如短时间原材料发生变化或由技术不熟练的工人替班操作等。

（4）平峰型

在整个分布范围内，频数（频率）的大小差距不大，形成平峰型直方图。这往往是由于生产过程中有某种缓慢变化的因素起作用所造成的，如工具的磨损、操作者的疲劳等都有可能出现这种图形。

（5）双峰型

一个直方图出现两个顶峰。这种情况往往是由两种不同的分布混在一起所造成的，即虽然测试统计的是同一项目的数据，但数据来源条件差距较大，例如两班各人的操作水平相差较大，将其质量数据混在一起绘出出的直方图；使用两种强度等级相差较大的水泥且未调整其他配合参数时，按混凝土强度数据所绘出的直方图等。出现这种直方图时，应将数据进行分层，然后分步作图分析。

（6）高端型

直方图的一侧出现陡峭绝壁状。这是由于人为地剔除了一些数据，进行不真实的统计所造成的。

四、分层法

分层法的关键是调查分析的类别和层次划分。根据管理需要和统计目的，通常可按以下分层方法取得原始数据：

①按施工时间分，如月、日、上午、下午、白天、晚间、季节；②按地区部位分，如区域，城市、乡村、楼层、外墙、内墙；③按产品材料分，如产地、厂商、规格、品种；

④按检测方法分，如方法、仪器、测定人、取样方式；⑤按作业组织分，如工法、班组、工长、工人、分包商；⑥按工程类型分，如住宅、办公楼、道路、桥梁、隧道；⑦按合同结构分，如总承包、专业分包、劳务分包。

经过第一次分层调查和分析，找出主要问题的症结所在之后，还可以针对这个问题再次分层进行调查分析，一直到分析结果满足管理需要为止。层次类别划分越明确、越细致，就越能够准确有效地找出问题及其原因所在。

第五节　建筑工程质量验收

建筑工程项目的质量验收，主要是指工程施工质量的验收。所谓"验收"，是指建筑工程质量在施工单位自行检查合格的基础上由工程质量验收责任方组织，工程建设相关单位参加，对检验批、分项、分部、单位工程及其隐蔽工程的质量进行抽样检验，对技术文件进行审核，并根据设计文件和相关标准以书面形式对工程质量是否达到合格做出确认。

一、建筑工程质量验收的划分

建筑工程质量验收的划分可分为检验批质量验收、分项工程质量验收、分部工程质量验收和单位工程质量验收。

（一）检验批质量验收

检验批是工程验收的最小单位，是分项工程、分部工程、单位工程质量验收的基础。检验批验收包括资料检查、主控项目和一般项目检验。检验批质量验收合格应符合以下几个规定：

1. 主控项目的质量经抽样检验均应合格。

2. 一般项目的质量经抽样检验合格。当采用计数抽样时，合格点率应符合有关专业验收规范的规定，且不得存在严重缺陷。

3. 具有完整的施工操作依据、质量验收记录。

主控项目是指建筑工程中对安全、节能、环境保护和主要使用功能起决定性作用的检验项目。除土控项目以外的检验项目称为一般项目。检验批的合格与否主要取决于对主控项目和一般项目的检验结果。

主控项目是对检验批的基本质量起决定性影响的检验项目，须从严要求，因此要求主控项目必须全部符合有关专业验收规范的规定，这意味着主控项目不允许有不符合要求的检验结果。对于一般项目，虽然允许存在一定数量的不合格点，但某些不合格点的指标与合格要求偏差较大或存在严重缺陷时，仍将影响使用功能或观感质量，对这些部位应进行维修处理。

（二）分项工程质量验收

分项工程质量验收合格应符合下列两项规定：

1. 所含检验批的质量均应验收合格。

2. 所含检验批的质量验收记录应完整。

分项工程的验收是以检验批为基础进行的。一般情况下，检验批和分项工程两者具有相同或相近的性质，只是批量的大小不同而已。分项工程质量合格的条件是构成分项工程的各检验批验收资料齐全完整，且各检验批均已验收合格。

（三）分部工程质量验收

分部工程质量验收合格应符合以下几个规定：

①所含分项工程的质量均应验收合格；②质量控制资料应完整；③有关安全、节能、环境保护和主要使用功能的抽样检验结果应符合相应规定；④观感质量应符合要求。

分部工程的验收是以所含各分项工程验收为基础进行的。首先，组成分部工程的各分项工程已验收合格且相应的质量控制资料齐全、完整。其次，由于各分项工程的性质不尽相同，因此，作为分部工程不能简单地组合而加以验收，尚须进行以下两类检查项目：

①涉及安全、节能、环境保护和主要使用功能的地基与基础、主体结构和设备安装等分部工程应进行有关的见证检验或抽样检验。②以观察、触摸或简单量测的方式进行观感质量验收，并结合验收人的主观判断，检查结果并不给出"合格"或"不合格"的结论，而是综合给出"好""一般""差"的质量评价结果。对于"差"的检查点应进行返修处理。

（四）单位工程质量验收

单位工程质量验收也称质量竣工验收，是建筑工程投入使用前的最后一次验收，也是最重要的一次验收。单位工程质量验收合格应符合以下几个规定：

①所含分部工程的质量均应验收合格；②质量控制资料应完整；③所含分部工程中有关安全、节能、环境保护和主要使用功能的检验资料应完整；④主要使用功能的抽查结果应符合相关专业验收规范的规定；⑤观感质量应符合要求。

二、施工质量验收的程序

施工质量验收属于过程验收，其主要程序如下：

①施工过程中隐蔽工程在隐蔽前通知建设单位（或工程监理单位）进行验收，并形成验收文件；②分部分项施工完工，应在施工单位自行验收合格后通知建设单位（或工程监理）验收，重要的分部分项应请设计单位参加验收；③单位工程完工，施工单位应自行组织检查、评定，符合验收标准后，向建设单位提交验收申请；④建设单位收到验收申请后，应组织施工、勘察、设计、监理单位等方面人员进行单位工程验收，明确验收结果，并形成验收报告；⑤按国家现行管理制度，房屋建筑工程及市政基础设施工程验收合格后，还须在规定时间内，将验收文件报政府管理部门备案。

第八章 建筑工程项目资源管理

第一节 项目资源管理概述

一、项目资源管理的概念与作用

（一）项目资源管理的概念

项目资源是对项目实施中使用的人力资源、材料、机械设备、技术、资金和基础设施等的总称。资源是人们创造出产品（即形成生产力）所需要的各种要素，亦称生产要素。

科学技术被劳动者所掌握，并且融会在劳动对象和劳动手段中，便能形成相当于科学技术水平的生产力水平，科学技术水平决定和反映了生产力的水平。劳动者，即具有劳动能力的人，是生产力中最活跃的因素，他掌握生产技术，运用劳动手段，作用于劳动对象，从而形成生产力。劳动手段是指机械、设备工具和仪器等，它只有被人所掌握才能形成生产力。

劳动对象是指劳动者利用劳动手段，进行"改造"的对象，通过"改造"使劳动对象形成具有价值和使用价值的产品。在商品生产条件下，各种生产经营活动都离不开资金，它是一种流通手段，是财产和物资的货币表现。

项目资源管理是对项目所需的各种资源进行的计划、组织、指挥、协调和控制等系统活动。项目资源管理的复杂性，主要表现是：工程实施所需资源的资源种类多、需要量大；建设过程对资源的消耗极不均衡；资源供应受外界影响太大，具有一定的复杂性和不确定性且资源经常需要在多个项目间进行调配；资源对项目成本的影响最大。

加强项目管理，必须对投入项目的资源进行市场调查与研究，做到合理配置，并在生产中强化管理，以尽量少的消耗获得产出，达到节约物化劳动和活劳动、减少支出的目的。

（二）项目资源管理的作用

资源的投入是项目实施必不可少的前提条件，若资源的投入得不到保证，考虑得再周详的其他项目计划（如进度计划）与安排也不能实行。例如，由于资源供应不及时就会造成工程项目活动不能正常进行，不能及时开工或整个工程停工，浪费时间，出现窝工现象。

在项目实施过程中，如果未能采购符合规定的材料，将造成质量缺陷；或采购超量、采购过早，将造成浪费、仓储费用增加等。如果不能合理地使用各项资源或不能经济地获取资源，都会给项目造成损失。

按照项目一次性特点和自身规律，通过项目诸资源管理，实现资源的优化配置，做到动态管理，降低工程成本，提高经济效益。

第一，进行资源优化配置，即适时、适量、位置适宜的配备或投入资源，以满足施工需要。

第二，进行资源的优化组合，即投入项目的各种资源，在使用过程中搭配适当，协调地发挥作用，有效地形成生产力。

第三，在项目实施过程中，对资源进行动态管理。项目的实施过程是一个不断变化的过程，对各种资源的需求也在不断变化。因此，各种资源的配置和组合也就需要不断调整，这就需要动态管理。动态管理的基本内容就是按照项目的内在规律，有效地计划、配置、控制和处置各种资源，使之在项目中合理流动。动态管理是优化配置和组合的手段与保证。

第四，在项目运转过程中，合理地、节约地使用资源（劳动力、材料、机械设备、资金），以取得减少资源消耗的目的。

二、项目资源管理的内容

（一）人力资源管理

人力资源泛指能够从事生产活动的体力和脑力劳动者，在项目管理中包括不同层次的管理人员和参与作业的各种工人。人是生产力中最活跃的因素，人具有能动性、再生性和社会性等。项目人力资源管理是指项目组织对该项目的人力资源进行科学的计划、适当培训教育、合理的配置、有效的约束和激励、准确的评估等方面的一系列管理工作。

项目人力资源管理的任务是根据项目目标，不断获取项目所需人员，并将其整合到项目组织中，使之与项目团队融为一体。项目中人力资源的使用，关键在明确责任，调动职工的劳动积极性，提高工作效率。从劳动者个人的需要和行为科学的观点出发。应责权利相结合，应多采取激励措施，并在使用中重视对他们的培训，提高他们的综合素质。

（二）材料管理

建筑材料分为主要材料、辅助材料和周转材料等。主要材料指在施工中被直接加工，构成工程实体的各种材料，如钢材、水泥、砂子、石子等；辅助材料指在施工中有助于产品的形成，但不构成工程实体的材料，如外加剂、脱模剂等；周转材料指不构成工程实体，但在施工中反复流转使用的材料，如模板、架管等；各类材料都在施工中有独特作用。建筑材料还可以按其自然属性分类，包括金属材料、硅酸盐材料、电器材料、化工材料等，它们的保管、运输各有不同要求。

一般工程中，建筑材料占工程造价的70%左右，加强材料管理对于保证工程质量，降低工程成本都将起到积极的作用。项目材料管理的重点在现场、在使用、在节约和核算，尤其是节约，其潜力巨大。

（三）机械设备管理

机械设备主要指作为大中型工具使用的各类型施工机械。机械设备管理往往实行集中管理与分散管理相结合的办法，主要任务在于正确选择机械设备，保证机械设备在使用中处于良好状态，减少机械设备闲置、损坏，提高施工机械化水平，提高使用效率。关键在提高机械使用效率，而提高机械使用效率必须提高利用率和完好率。利用率的提高靠人，完好率的提高在于保养和维修。

（四）技术管理

技术指人们在改造自然、改造社会的生产和科学实践中积累的知识、技能、经验，及体现他们的劳动资料。技术具体包括操作技能、劳动手段、生产工艺、检验试验、管理程序和方法等。任何物质生产活动都是建立在一定的技术基础上的，也是在一定技术要求和技术标准的控制下进行的。随着生产的发展，技术水平也在不断地提高。由于施工的单件性、复杂性、受自然条件的影响等特点，决定了技术管理在工程项目管理中的作用更加重要。工程项目技术管理，是对各项技术工作要素和技术活动过程的管理。技术工作要素包括技术人才、技术装备、技术规程等；技术活动过程包括技术计划、技术应用、技术评价等。

技术作用的发挥，除决定于技术本身的水平外，极大程度上还依赖于技术管理水平。没有完善的技术管理，先进的技术是难以发挥作用的。工程项目技术管理的任务是：正确贯彻国家的技术政策，贯彻上级对技术工作的指示与决定；研究认识和利用技术规律，科学地组织各项技术工作，充分发挥技术的作用；确立正常的生产技术秩序，文明施工，以技术保证工程质量；努力提高技术工作的经济效果，使技术与经济有机地结合起来。

（五）资金管理

工程项目的资金，从流动过程来讲，首先是投入，即将筹集的资金投入到工程项目的实施上；其次是使用，也就是支出。工程项目资金管理有编制资金计划、筹集资金、投入资金（项目经理部收入）、资金使用（支出）、资金核算与分析等环节。资金管理应以保证收入、节约支出、防范风险为目的，重点是收入与支出问题，收支之差涉及核算、筹资、利息、利润、税收等问题。

三、项目资源管理的全过程

项目资源管理非常重要，而且比较复杂，全过程包括如下四个环节：

第一，编制资源计划。项目实施时，其目标和工作范围是明确的，资源管理的首要工作是编制计划，计划是优化配置和组合的手段，目的是对资源投入时间及投入量做出合理安排，以满足施工项目实施进度的需要。

第二，资源配置。资源配置是指按编制的计划，从资源的供应到投入项目实施，保证项目需要。

第三，资源控制。资源控制是根据每种资源的特性，制定科学合理的措施，进行动态配置和组合，协调投入，合理使用，不断纠正偏差，以尽可能少的资源满足项目要求，达到节约资源、降低成本的目的。动态控制是资源管理目标的过程控制，包括对资源利用率和使用效率的监督、闲置资源的清退、资源随项目实施任务的增减变化及时调度等，通过管理活动予以实现。

第四，资源处置。资源处置是根据各种资源投入、使用与产出的核算为基础，进行使用效果分析，实现节约使用的目的。一方面是对管理效果的总结，找出经验和问题，评价管理活动；另一方面又对管理提供储备和反馈信息，以指导下一阶段的管理工作，并持续改进。

四、资源管理的责任矩阵

项目资源管理的责任分配将人员配备与项目工作分解结构（WBS）相联系，明确表示出每个工作单元由谁参与、由谁负责，并表明了每个人（或部门）在项目工作开展中的职责与地位。责任分配矩阵是一种将所分解的工作任务落实到项目有关部门或者个人，并明确表示出他们在组织中的关系、责任和地位的一种方法和工具。它是以组织单位为行，工作单位为列的矩阵图，矩阵中的符号表示项目工作人员在每个工作单元中的参与角色或责任。

第二节　项目人力资源管理

一、人力资源计划

（一）项目管理人员、专业技术人员的确定

应根据岗位编制计划，参考类似工程经验进行管理人员、技术人员需求预测。在人员需求中应明确需求的职务名称、人员需求数量、知识技能等方面的要求，招聘的途径，选择的方法和程序，希望到岗的时间等。最终形成一个有员工数量、招聘成本、技能要求、工作类别以及为满足管理需要的人员数量和层次的分列表。

管理人员需求计划编制一定要提前做好工作分析。工作分析是指通过观察和研究，对特定的工作职务做出明确的规定，并规定这一职务的人员应具备什么素质的过程，具体包括：工作内容、责任者、工作岗位、工作时间、如何操作、为何要做。根据工作分析的结果，编制工作说明书、制定工作规范。

（二）劳动力需求计划的确定

劳动力综合需要量计划是确定暂设工程规模和组织劳动力进场的依据。编制时根据工种工程量汇总表所列的各个建筑物不同专业工种的工程量，查劳动定额，便可得到各个建筑物不同工种的劳动量，再根据总进度计划中各单位工程或分部工程的专业工种工作持续时间，即可得到某单位工程在某时段里的平均劳动力数量。同样方法可计算出各主要工种在各个时期的平均人数。最后，将总进度计划图表纵坐标方向上各单位工程同工种的人叠加在一起并连成一条曲线，即为某工种的劳动力动态曲线。

劳动力需要计划是根据施工进度计划、工程量、劳动生产率，依次确定专业工种、进场时间、劳动量和工人数，然后汇集成表格形式，它可作为现场劳动力调配的依据。

随施工部位和工序的不断变化，在项目某一阶段任务结束后，对项目施工管理人员和技术人员、专业工种人数的需求也是不同的。公司的人事部门需要从全公司范围内对劳务队，甚至项目经理部部分人员进行动态配置。

二、劳动力的配置

企业劳动管理部门审核各项目层的施工进度计划和各工种需要量计划后，与企业内部劳务队伍（劳务分公司）或外部劳务市场的劳务分包企业签订劳务分包合同，进行劳动力配置。每个项目劳动力分配的总量，应按本企业建筑安装工人的劳动生产率进行控制。

远离企业本部的项目经理部可在企业法人授权下与劳务分包企业签订劳务分包合同。

第一，配置劳动力时，应让工人有超额完成的可能，以获得奖励，进而激发工人的劳动热情。

第二，尽量使劳动力和劳动组织保持稳定，防止频繁调动。劳动组合的形式有专业班组、混合班组、大包队。但当原劳动组织不适应工程项目任务要求时，项目经理部可根据工程需要，打乱原派遣到现场的作业人员建制，对有关工种工人重新进行优化组合。

第三，为保证作业需要，工种组合、技工与壮工比例必须适当、配套。

第四，尽量使劳动力配置均衡，使劳动资源消耗强度适当，以便管理，达到节约的目的。

三、劳动力的动态管理

（一）劳动管理部门对劳动力的动态管理起主导作用

由于企业对劳动力进行集中管理，所以劳动管理部门在动态管理中起主导作用。它的主要工作如下：

第一，根据项目经理部提出的劳动力需要量计划，签订劳务合同，并按合同派遣队伍。

第二，根据施工任务的需要和变化，从社会劳务市场中招募和遣返（辞退）民工。

第三，对劳动力进行企业范围内的调度、平衡和统一管理。当施工项目中的承包任务完成后收回作业人员，重新进行平衡、派遣。

第四，负责对企业劳务人员的工资进行管理，实行按劳分配，兑现合同中的经济利益条款，进行符合规章制度及合同约定的奖罚。

（二）项目经理部是项目施工范围内劳动力动态管理的直接责任者

劳动用工中合同工和临时工比重大，人员素质较低，劳动熟练程度参差不齐，而且室外作业及高空作业较多，使得劳动管理具有一定的复杂性。为了提高劳动生产率，充分有效地发挥和利用人力资源，项目经理部有责任做好如下工作：

第一，对进场劳务人员进行入场教育，讲工程施工要求，进行技术交底，组织安全考试。

第二，在施工过程中，项目经理部的管理人员应加强对劳务发包队伍的管理，按照企业有关规定进行施工，严格执行合同条款，不符合质量标准、技术规范和操作要求的应及时纠正，对严重违约的按合同规定处理。

第三，按合同进行经济核算，支付劳动报酬。在签订劳务合同时，通常根据包工资、包管理费的原则，在承包造价的范围内，扣除项目经理部的现场管理工资额和应向企业上缴的管理费分摊额，对承包劳务费进行合同约定。项目经理部按核算制度，按月结算，向劳务部门支付。

第四，工程结束后，由项目经理部对分包劳务队伍进行评价，并将评价结果报企业有关管理部门。在施工过程中，项目经理部的管理人员应加强对劳务分包队伍的管理，重点考核是否按照组织有关规定进行施工，是否严格执行合同条款，是否符合质量标准和技术规范操作。

四、人力资源的开发

（一）人力资源开发的概念

人力资源除了包括智力劳动能力和体力劳动能力外，同时也包含人现实的劳动能力和潜在的劳动能力。人的现实劳动能力是指人能够直接迅速投入劳动过程，并对社会经济的发展产生贡献的劳动能力。也有一部分人，由于某些原因，暂时不能直接参与特定的劳动，必须经过对人力资源的开发等过程才能形成劳动能力，这就是潜在的劳动能力。如对文化素质较低的人进行培训，使其具备现代生产技术所需要的劳动能力，从而能够上岗操作，这就属于人力资源开发的过程。

人力资源的开发，需要组织通过学习、训导的手段，提高员工的技能和知识，增进员工工作能力和潜能的发挥，最大限度地使员工的个人素质与工作相匹配，进而促进员工现在和将来的工作绩效的提高。严格地说，人力资源的开发是一个系统化的行为改变过程，工作行为的有效提高是人力资源开发的关键所在。

人力资源开发主要指人们通过传授知识，转变观念或提高技能来改善当前或未来管理工作绩效的活动。培训是人力资源开发的主要手段，培训是指给新雇员或现有雇员传授其完成本职工作所必需的基本技能的过程。

（二）人力资源的培训

1. 管理人员的培训

（1）岗位培训

岗位培训是对一切从业人员，根据岗位或者职务对其具备的全面素质的不同需要，按照不同的劳动规范，本着干什么学什么，缺什么补什么的原则进行的培训活动。旨在提高职工的本职工作能力，使其成为合格的劳动者，并根据生产发展和技术进步的需要，不断提高其适应能力。如项目经理培训，基层管理人员和土建、装饰、水暖、电气工程的专业培训，以及其他岗位的业务、技术干部的培训。

（2）继续教育

继续教育包括建立以"三总师"（总工、总经、总会）为主的技术、业务人员继续教育体系，采取按系统、分层次、多形式的方法，对具有一定学历以上的处级以上职务的管理人员进行继续教育。还有各种执业资格人员（如结构师、建造师、监理师、造价师等）的业内教育。

（3）学历教育

为培养企业高层次的专门管理和技术人才，毕业后回本企业继续工作，可以选派部分人员到高等院校深造。

2. 工人的培训

（1）班组长培训

按照国家建设行政主管部门制定的班组长岗位规范，对班组长进行培训，通过培训最终达到班组长100%持证上岗。

（2）技术工人等级培训

按照住房和城乡建设部颁发的《工人技术等级标准》和人力资源和社会保障部颁发的有关技师评聘条例，开展中高级工人的考评和工人技师的评聘。

（3）特殊工种作业人员的培训

根据国家有关特种作业人员必须单独培训、持证上岗的规定，对从事登高、焊接、塔式起重机驾驶、爆破等工种作业人员进行培训，保证100%持证上岗。

（4）对外地施工队伍的培训

按照省、市有关外地务工人员必须进行岗前培训的规定，对所使用的外地务工人员进行培训，颁发省、市统一制发的外地务工经商人员就业专业训练证书。

3. 常用的培训方法

（1）讲授法

讲授法是传统模式的培训方法，也称课堂演讲法。在企业培训中，经常开设的专题讲座就是采用讲授法进行的培训，适用于向群体学员介绍和传授某一个单一课题的内容。培训场地可选用教室、餐厅或会场，教学资料可以事先准备妥当，教学时间也容易由讲课者控制。这种方法要求授课者对课题有深刻的研究，并对学员的知识、兴趣及经历有所了解。重要技巧是要保留适当的时间进行培训员与受训人员之间的沟通，用问答形式获取学员对讲课内容的反馈。另外，授课者表达能力的发挥、视听设备的使用也是提高效果的有效的辅助手段。

讲课法培训的优点是同时可实施于多名学员，不必耗费太多的时间与经费。其缺点是由于在表达上受到限制，受训人员不能主动参与培训，只能从讲授者的演讲中，做被动、有限度的思考与吸收。这种方法适宜于对一种新政策（或新标准、规范、规程）的介绍以及引进新设备或技术的普及讲座等理论性内容的培训。

（2）操作示范法

操作示范法是职前实务（操作工艺）训练中广泛采用的一种方法，适用于较机械性的工种。操作示范法是职能部门或项目管理层开展专业技能训练的通用方法，一般由部门经理或项目技术负责人主持，由技术能手担任培训员，现场向受训人员简单地讲授操作理论与技术规范，然后进行标准化的操作示范表演。学员则反复模仿实习，经过一段时间的训练，使操作逐渐熟练直至符合规范的程序与要求，达到运用自如的程度。培训员在现场做指导，随时纠正操作中的错误表现。这种方法有时显得单调而枯燥，培训员可以结合其他培训方法与之交替进行，以增强培训效果。

（3）案例研讨法

案例研讨法是一种用集体讨论方式进行培训的方法，与讨论法不同点在于：通过研讨不单是为了解决问题，而是侧重于培养受训人员对问题分析判断及解决的能力。在对特定案例的分析、辩论中，受训人员集思广益，共享集体的经验与意见，有助于他们在未来实际业务工作中思考与应用，建立一个有系统的思考模式。

培训员事先对案例的准备要充分，经过对受训群体的深入了解，确定培训目标，针对目标选用具有客观性与实用性的资料，根据预定的主题编写案例或选用现成的案例。在正式培训中，先安排受训人员有足够的时间去研读案例，使他们自己如同当事人一样去思考和解决问题。

案例讨论可以按照以下步骤展开：发生什么问题—问题因何引起—如何解决问题—今

后采取什么对策。适用的对象是中层以上管理人员，目的是训练他们具有良好的决策能力，帮助他们学习如何在紧急状况下处理各类事件。

五、人员激励

（一）人员激励的作用

1. 激励有助于组织形成凝聚力

组织是一个工作团队，工作的展开、团队的成长与发展壮大，依赖于组织成员的凝聚力。激励是形成凝聚力的一种基本方式。通过恰当的激励，可以使人们理解和接受组织目标并认同它，使组织目标成为组织成员的信念，进而转化为组织成员的动机，推动人们为实现组织目标而努力。

2. 激励有助于提高员工工作的自觉性、主动性和创造性

通过恰当的激励，可以使组织的员工认识到实现组织最大利益的同时也为自己带来利益，使员工的个人目标和组织目标紧密地联系起来，员工的工作自觉性愈强，其工作的主动性和创造性愈能得到发挥。

3. 激励有助于员工保持良好的业绩

通过恰当的激励，可以使员工充分发挥潜力，利用各种机会提高自己的工作能力，并激发员工的工作热情。

（二）人员激励实践

项目管理组织的有效运作需要每一个组织成员都能够有效地发挥出作用。而让各位员工能够积极努力地工作，除了严格的工作规章和工作纪律外，还必须通过对人员的激励，来调动人员的主观能动性，加强自律性。

激励的过程很复杂，表现为多种激励模式。人的需要在外界的刺激下，形成动机，动机进一步引发人的行为。动机是激励人去行动的主观原因，经常以愿望、兴趣、理想等形式表现出来，它是个人发动和维持其行为，使其导向某一目标的一种心理状态。为了有效地将人的动机和项目提供的工作机会、工作条件和工作报酬等紧密地结合起来，管理者在实施激励手段的过程中，必须首先了解目标的设置是否能够满足员工的需要，只有这样才能有效地激发员工的目标导向行为。其次，激励的起点是满足员工的需要。由于员工的需要存在个体差异性和动态性，而且只有在满足其最迫切的需要时，激励的强度最大，管理者只有在掌握所有能够满足这些需要的前提下，有针对性地采取激励，才能收到实效。

组织内的管理人员，应该注意研究和掌握员工的需要结构，把握其个性和共性，了解员工和员工之间需要的差异。在此基础上，根据掌握的资源进行有的放矢的激励。对于收入水平较高的人群，特别是对知识分子和管理干部，则晋升其职务、授予其职称或荣誉，提供相应的教育条件，以及尊重其人格，鼓舞其创新，放手让其工作会收到更好的激励效果；对于低工资人群，奖金、友情的作用就十分重要；对于从事笨重、危险、环境恶劣的体力劳动的员工，搞好劳动保护，改善其劳动条件，增加岗位津贴，重视、关心等都是有效的激励手段。

组织管理人员如何看待其员工决定着他们所采用的管理方式。因此，管理者对人的本性的假设指导和控制着他们对员工的激励行为，决定着组织所采用的激励方法。组织中常用的激励方法有三类，即物质激励、精神激励和生涯发展激励。物质激励的手段有薪金、奖励、红利、股权、奖品等，这是一种正面激励的手段，目的是肯定员工的某些行为，以调动员工的积极性。精神激励也是一种正面的诱导和鼓励，与物质激励不同的是，精神激励是从创造良好的工作氛围和人际环境，提高员工觉悟的角度去激发员工的动机，从而引导其行为。而生涯发展激励就是通过帮助员工规划个人的职业生涯计划，并为其提供成才的机会，以此提高员工的忠诚度、工作的积极性和创造性。与前两种激励方式不同的是，生涯发展激励侧重于通过员工个人成长，促使其努力工作，以便在实现个人目标的同时，完成组织目标。

利益与责任应该是统一的，建筑业企业在与项目经理签订《项目管理目标责任书》时，一定要明确项目层的利益。当工程项目完成交给用户（业主）后，企业的项目考核评价委员会，需要对项目的管理行为、项目管理效果以及项目管理目标实现程度进行检验和评定，使得项目经理和项目经理部经营效果和经营责任制得到公平、公正的评判和总结。企业一定要根据评价来兑现《项目管理目标责任书》的奖罚承诺，使人员激励落到实处。

第三节　项目材料管理

一、材料分类

施工生产的过程，同时也是材料消耗的过程，材料是资源中价值最大的组成要素。材料在流动资金和工程成本中所占比例最大，加强材料管理是提高项目经济效益的最主要途径。

二、材料需用计划

项目经理部应及时向企业物资部门提供主要材料、大宗材料需用计划，由企业负责采购。工程材料需用计划一般包括整个项目（或单位工程）和各计划期（年、季、月）的需用计划。准确确定材料需要数量是编制材料计划的关键。

第一，整个项目（或单位工程）材料需用量计划。根据施工组织设计和施工图预算，整个项目材料需用量计划应于开工前提出，作为备料依据，它反映单位工程及分部、分项工程材料的需要量。

第二，计划期材料需用量计划。根据施工预算、生产进度及现场条件，按工程计划期提出材料需用量计划，作为备料依据。计划（期）需用量是指一定生产期（年、季、月）的材料需要量，主要用于组织材料采购、订货和供应，编制的主要依据是单位工程（或整个项目）的材料计划、计划期的施工进度计划及有关材料消耗定额。因为施工的露天作业、消耗的不均匀性，必须考虑材料的储备问题，合理确定材料期末储备量。

三、材料控制

（一）材料供应

为保证供应材料的合格性，确保工程质量，要对生产厂家及供货单位进行资格审查，内容有：生产许可证，产品鉴定证书；材质合格证明；生产历史，经济实力等。采购合同内容除双方的责权利外，还应包括采购对象的规格、性能指标、数量、价格、附件条件和必要的说明。

（二）材料进场验收

1. 验收准备

材料进场前，应根据平面布置图进行存料场地及设施的准备。在材料进场时必须根据进料计划、送料证、质量保证书或产品合格证进行质量和数量验收。

2. 质量验收

第一，一般材料外观检验，主要检验规格、型号、尺寸、色彩、方正、完整及有无开裂。

第二，专用、特殊加工制品外观检验，应根据加工合同、图纸及资料进行质量验收。

第三，内在质量验收，由专业技术员负责，按规定比例抽样后，送专业检验部门检验力学性能、化学成分、工艺参数等技术指标。

材料验收工作按质量验收规范和计量检测规定进行，并做好记录和标志，办理验收手续。施工单位对进场的工程材料进行自检合格后，还应填写《工程材料/构配件/设备报审表》，报请监理工程师进行验收。对不合格的材料应更换、退货或让步接收（降级使用），严禁使用不合格材料。

3. 数量验收

（1）砂石等大堆材料按计量换算验收，抽查率不得低于10%。

（2）水泥等袋装的材料按袋点数，袋重抽查率不得低于10%。散装的除采取措施卸净外，按磅单抽查。

（3）构配件实行点件、点根、点数和验尺的验收方法。

（4）对有包装的材料，除按包件数实行全数验收外，属于重要的、专用的易燃易爆、有毒物品应逐项逐件点数、验尺和过磅。属于一般通用的，可进行抽查，抽查率不得低于10%。

（5）应配备必要的计量器具，对进场、入库、出库材料严格计量把关，并做好相应的验收记录和发放记录。

（三）材料储存与保管

项目所需材料可分批采购也可一次采购；若分成几批采购，确定每批采购量。材料存储管理应合理确定材料的经济存储量、经济采购批量、安全存储量、订购点等参数。

进场的材料应建立台账，记录使用和节超状况；材料储备要维护其使用价值，确保使用安全注意防火、防盗、防雨、防变质；要日清、月结、定期盘点、账实相符。材料储存应满足下列要求：

1. 入库的材料应按型号、品种分区堆放，并分别编号、标志。

2. 易燃易爆的材料专门存放、专人负责保管，并有严格的防火、防爆措施。

3. 有防湿、防潮要求的材料，应采取防湿、防潮措施，并做好标志。

4. 有保质期的库存材料应定期检查，防止过期，并做好标志。

5. 易损失的材料应保护好包装，防止损坏。

（四）材料使用管理

1. 材料发放及领用

材料领发标志着料具从生产储备转入生产消耗，必须严格执行领发手续，明确领发责任。凡实行项目法施工的工程，都应实行限额领料，限额领料是指生产班组在完成施工生产任务中所使用的材料品种、数量应与所承担的生产任务相符合。限额领料是现场材料管理的中心环节，是合理使用、减少损耗、避免浪费、降低成本的有效措施。有定额的工程用料，原则上都应实行限额领料。限额领料单是施工任务书的组成部分，它是根据材料消耗定额计算班组的用料并核算经济效果，也是班组对现场领用的证，应随同施工任务书同时下达和结算。

2. 材料使用监督

材料管理人员应该对材料的使用进行分工监督，检查是否认真执行领发手续，是否合理堆放材料严格按设计参数用料，是否严格执行配合比，是否合理用料，是否做到工完料净、工完退料、场退地清、谁用谁清，是否按规定进行用料交底和工序交接，是否按要求保管材料等。检查是监督的手段，检查要做到情况有记录，问题有（原因）分析，责任要明确，处理有结果。

3. 材料回收

班组余料应回收，并及时办理退料手续，处理好经济关系。设施用料、包装物及容器，在使用周期结束后组织回收，并建立回收台账。

（五）周转材料的管理

1. 周转材料的范围和来源。周转材料包括

（1）模板，如组合钢模、异型模、滑模、大钢模板等。

（2）脚手架，如钢架管、碗扣钢架管、吊篮等。

（3）扣件、U 形卡具、附件等零配件。

其特点是价值高、用量大、使用期长，其价值随着周转使用逐步转移到产品成本中。所以，对周转材料的管理要求，是在保证正常生产前提下，减少占用，加速周转，延长寿命，防止损坏。为此，项目经理部根据项目使用量，通常从企业相关部门内部租用周转材料，生产中对班组实行实物损耗承包。实物损耗承包是对施工班组考核回收率和损耗率，实行节约有奖、超耗受罚。在实行班组实物损耗承包过程中，要明确施工方法及用料要求，合理确定每次周转损耗率，抓好班组领退的交接，及时进行结算，兑现奖罚。对工期较短、用量较少的项目，可对班组实行费用承包，在核算费用水平后，由班组向租赁部门办理租用、退租和结算，实行盈亏自负。

2. 周转材料的堆放和使用

（1）组合钢模板应分规格码放，以便于清点和发放，一般码十字交叉垛，高度不超过

1.8m，大模板应集中码放，做好防倾斜安全措施，并设置区域维护；钢脚手架管应分规格顺向码放，周围用围栏固定，减少滚动；周转材料零配件应集中存放、装箱或装袋，便于转护，减少损失。

（2）周转材料如连续使用的，每次用完都应及时清理、除垢以后，涂刷保护剂，分类码放，以备再用。如不再使用的，应及时收回、整理和退场。

第四节　项目机械设备管理

一、工程项目机械设备的来源

随着经济的持续发展，建筑施工的装备水平得到了较大的提高，如土石方工程、桩基础工程、结构吊装工程、混凝土及预应力混凝土工程等，许多生产活动都由机械设备来完成。

机械设备的广泛使用对减轻劳动强度、提高劳动生产率，保证工程质量，降低工程成本，缩短工期都很重要。

项目需用的施工机械设备通常从本企业专业机械租赁公司，或从社会的建筑机械设备租赁市场租用。分包工程任务的施工可由分包工队伍自带施工机械设备进场。

项目经理部首先应根据施工要求选择设备技术性能适宜的施工机械，并检查机械设备资料是否齐全。如选择塔式起重机，如果工作幅度 50 m，臂端起重量 2 t 能满足施工需要，就不要选用更大型号的塔式起重机。同样性能的机械应优先租用性价比较好的设备。租用机械设备，特别是大型起重机和特种设备时，应认真检查出租设备的营业执照、出租资格、机械设备安装资质及安全使用许可证、设备安全技术定期鉴定证明、机型机种在本地注册备案资料、机械操作人员作业证等。对资料齐全、质量可靠的施工机械设备，租用双方应租协议或合同，明确双方对施工机械设备的管理责任和义务。

对根据施工需要新购买的施工机械设备，尤其是大型机械及特殊设备，应在调研的基础上，写出经济技术可行性分析报告，报告经有关领导和专业管理部门审批后，方可购买。

二、机械设备使用计划

（一）机械设备的选择

机械设备管理的首要任务是正确选择施工机械。机械员应根据施工组织设计编制机械设备使用计划。施工组织设计包括施工方法、措施等，同样的工程采用不同的施工方法、生产工艺及技术措施，选配的施工机械设备也不同。因此，编制施工组织设计，在考虑合理的施工方法、工艺、技术安全措施的同时，还要考虑用什么设备去组织生产，才能最合理有效地保证工期和质量，降低生产成本。例如，混凝土工程施工，一般考虑混凝土现场制作成本较低，就需配备混凝土配料机、搅拌机，冬期还须配有加热水、砂的炉具。水平及垂直运输，可配有翻斗车、塔式起重机等设备。采用混凝土输送泵来运送混凝土，则应配备混凝土拖式泵或汽式泵、内爬式电动混凝土布料机或移动式混凝土布料杆（机）等设备。工程的特点和要求不同，机械的配备及组合形式就应不同，从效率和成本角度来看，选择搅拌机、塔式起重机、混凝土输送泵的规格形式、型号也应有所不同。

施工机械设备的选择原则是：切合需要，实际可能，经济合理。

第一，不同的机械，其技术性能指标也不相同，机械设备的选择首先必须满足施工技术与组织需要。

第二，选择机械设备必须考虑企业自身的机械装备水平，尽可能地选择机械设备，尽量避免新购机械设备。许多以机械设备为主导的工程施工，选择这样或那样的机械设备都可以完成施工任务，某种程度上可以说机械决定了施工方法。如装配式单层工业厂房施工，如果只有桅杆式起重机可供选择，那么结构吊装采用综合吊装法；如果还有自行杆式起重机可供选择，自然就采用分件吊装法。

第三，经济合理选择机械设备。施工中，往往有多种机械的技术性能指标可以满足施工需要，但不同其他特征亦不相同，对工期的缩短、劳动消耗量的减少、机械成本费用的降低程度也不相同，所以必须经济合理地选择机械设备。选择方法有以下几种：

1. 综合考虑各种因素选择机械设备。假设有三台机械的技术性能均可满足施工需要，现综合考虑各机械的工作效率、工作质量、使用费和维修费、能源耗费量等其他特性对机械进行选择。

2. 用单位工程量成本比较优选。在使用机械时，总要消耗一定的费用，这些费用可依其性质不同划分为两类：一类费用随着机械的工作时间而变化，称为可变费用（操作费），如操作人员的工资、燃料动力费、小修理费、直接材料费等；另一类费用是按一定施工期限分摊的费用，称为固定费用，只要拥有这台机械，无论工作多少及是否工作，都发生固定费用，如折旧费、大修理费、机械管理费等。

3. 用折算费用法（等值成本法）进行优选。当机械在一项工程中使用时间较长，甚至涉及购置费，在选择时往往涉及机械的原值（投资）。利用银行贷款时又涉及利息，甚至复利计息。这时，可采用折算费用法（又称等值成本法）进行计算，低者为优。

所谓折算费用是预计机械使用年限，按年或月摊入成本的机械费用。这项费用涉及机械原值、年使用费、残值和复利利息。

（二）机械设备需求计划

机械设备需求计划一般由项目经理部机械设备管理员负责编制。中小型机械设备一般由项目部主管项目经理审批，大型机械设备经主管项目经理审批后，还须报企业有关部门审批，方可实施运作。

将施工进度计划表中的每一个施工过程每天所需的机械类型、数量和施工日期进行汇总，得到施工机械需要量计划。

三、机械设备使用管理

项目机械设备管理的主要任务除正确选择机械设备外，还要保证施工机械在使用中处于良好状态，减少闲置、损坏，提高使用效率及产出水平。要以机械设备的利用率和完好率保证其使用效率，利用率主要取决于施工管理规划中施工方法的选择与进度安排；完好率主要取决于维修和保养。

（一）机械设备的操作人员

机械设备使用实行"三定"制度（定机、定人、定岗位责任），且机械操作人员必须持证上岗。实行"三定"制度，有利于操作人员熟悉机械设备特性，熟练掌握操作技术，合理和正确地使用、维护机械设备，提高机械效率；有利于大型设备的单机经济核算和考评操作人员使用机械设备的经济效果；也有利于定员管理，工资管理。

机械操作人员持证上岗，是指通过专业培训考核合格后，经有关部门注册，操作证年审合格，并且在有效期范围内，所操作的机种与所持操作证上允许操作机种相吻合。此外，机械操作人员还必须明确机组人员责任制，并建立考核制度，奖优罚劣，使机组人员严格按规范作业，并在本岗位上发挥出最优的工作业绩。责任制应对机长、机员分别制定责任内容，对机组人员做到责、权、利三者相结合，定期考核，奖罚明确到位，以激励机组人员努力做好本职工作，使其操作的设备在一定条件下发挥出最大效能。

（二）机械设备的合理使用

施工机械设备进场后，应进行必要的调试与保养。在正式投入使用前，项目部机械员应会同机械设备主管企业的机务、安全人员及机组人员一起对机械设备进行认真检查验收，并做好检查验收记录。施工单位对进场的机械设备进行自检合格后，还应填写《机械设备进场报验表》，报请监理工程师进行验收，验收合格后方可正式投入使用。做好上述工作，不仅能起到防止施工机械带病作业，造成不必要的质量、安全事故；还能为出现由于非施工方原因造成的机械设备停工、窝工等事件提供索赔依据。

验收合格的机械设备在使用过程中，其安全保护装置、机械质量、可靠性都可能发生质的变化，对机械设备在使用过程中的保养、检查、修理与故障排除是确保其安全、正常使用，减少磨损，提高使用效率必不可少的手段。因此，使用单位及设备管理企业都必须对施工机械设备进行必要的受控管理。也就是说，在使用过程中做好机械设备的维护，保证机械设备具有较高的完好率。

在机械设备的安排利用上要注意以下几点：

1. 搞好综合利用。对于现场的施工机械设备尽量做到一机多用，充分发挥其效率。尤其是垂直运输机械，它负责综合垂直运输各种材料和构件，同时做回转范围内的水平运输、装卸车等。因此，要及时安排好机械的工作，充分利用时间，大力提高其利用率。

2. 要努力组织好机械设备的流水施工。当施工的进展主要是靠机械而不是人力的时候，划分施工段的大小必须考虑机械的服务能力，把其作为施工段划分的决定因素。要使机械连续作业，不停歇，甚至可使机械三班作业。一个项目有多个单位工程时，应使机械在单位工程之间流水，减少进、出场时间和装卸等费用。

3. 项目经理部要按机械设备的安全操作要求安排工作和进行指挥，不得要求操作人员违章作业，也不得强令机械带病操作，更不得指挥和允许操作人员野蛮施工。同时，现场布置应适合机械作业要求，交通道路畅通无障碍，夜间施工安排好照明，为机械设备的施工作业创造良好条件。

（三）机械设备的保养与维修

1. 机械设备的磨损。机械设备的磨损可分为三个阶段。

第一阶段，磨合磨损。磨合磨损是初期磨损，包括制造或大修理中的磨损和使用初期的磨合磨损，这一阶段时间较短。此时，只要执行适当的磨合期使用规定就可降低初期磨损，延长机械使用寿命。

第二阶段，正常工作磨损。这一阶段零件经过磨合磨损，表面粗糙度降低了，磨损较少，在较长时间内基本处于稳定的均匀磨损状态。这个阶段的后期，磨损逐渐加快，进入第三阶段。

第三阶段，事故性磨损。此时，由于零件配合的间隙扩展，负荷加大，磨损激增，可能很快磨损。如果磨损程度超过了极限不及时修理，就会引起事故性磨损，造成修理困难和经济损失。

2. 机械设备的保养。机械设备保养的目的是为了保持机械设备的良好技术状态，提高设备运转的可靠性和安全性，减少零件的磨损，延长使用寿命，降低消耗，提高机械设备施工的经济效益。

保养分为例行保养和强制保养，例行保养属于正常使用管理工作，它不占用机械设备的运转时间，由操作人员在机械运转间隙进行。其主要内容是：保持机械的清洁，检查运转情况，防止机械腐蚀，按技术要求润滑等。强制保养是隔一定周期，需要占用机械设备的运转时间而停工进行的保养。强制保养是按照一定周期和内容分级进行的。保养周期根据各类机械设备的磨损规律、作业条件、操作维护水平及经济性四个重要因素确定。

3. 设备的维修。机械设备的修理是对机械设备的自然损耗进行修复，排除机械运行的故障，对损坏的零部件进行更新或修复。对机械设备的预检和修理，可以保证机械的使用效率，延长使用寿命。机械设备的修理可分为大修、中修和零星小修。

大修是对机械设备进行全面的解体检查修理，保证各零部件质量和配合要求，使其恢复原有的精度、性能、效率，达到良好的技术状态，从而延长机械设备的使用寿命。其内容包括：设备全部解体、排除和清洗设备的全部零部件，修理，更换所有磨损及其有缺陷的零部件，清洗、修理全部管路系统，更换全部润滑材料等。

中修是大修间隔期间对少数总成进行大修的一次性平衡修理，对其他不进行大修的总成只执行检查保修。中修的目的是对不能继续使用的部分总成进行大修，使整机状况达到平衡，以延长机械设备的大修间隔。中修须更换与修复机械设备的主要零部件和数量较多的其他磨损件，并校正机械设备的基准，恢复设备的精度、性能和效率，保证机械设备能使用到下一次修理。中修是部分解体的修理，它也具有恢复性修理的性质，其修理范围介于大修和小修之间。由于小修的时间短，设备的某些缺陷与隐患得不到处理，而大修的间隔又太长，使设备的某些缺陷与隐患延误处理时机，所以，需要在两次大修之间安排若干次中修。零星小修一般是无计划的、临时安排的、工作量最小的局部修理。其目的是消除操作人员无力排除的突然故障及修理，或更换部分易损的零部件；清洗设备、部分地拆检零部件，调整、紧固机件等。零星小修一般都和保养相结合，不列入修理计划之中。而大修、中修需要列入修理计划，并按计划预检修制度执行。

第五节　项目技术管理

一、项目技术管理计划

运用系统的观点、理论与方法对项目的技术要素与技术活动过程进行的计划、组织、监督、控制、协调等全过程、全方面的管理称为项目技术管理。技术管理可以按照统一领导，分级管理的原则设置管理层次。企业的技术管理体系统一由总工程师领导，各管理层由相应的主任工程师、项目工程师领导，形成纵向的领导关系。

不同层面上的职能部门和人员之间的关系是业务归口和业务指导关系。不同层面上的职能部门数量可以不一致，但职能应满足实际需要。

第一，技术开发计划。技术开发工作是企业持续发展的保证，技术开发的依据包括：国家的技术政策，如科学技术的专利政策、技术成果有偿转让；产品生产发展的需要，如未来对建筑产品的种类、规模、质量以及功能等需要；组织的实际情况，如企业的人力、物力、财力及外部协作条件等。

第二，设计技术计划。设计计划主要是设计技术方案的确立、设计文件的形成、有关指导意见和措施的计划。

第三，工艺技术计划。施工工艺上存在的客观规律和相互制约关系，一般情况下不能违背。如基坑未挖完土方，垫层工作就不能施工。混凝土浇筑必须在模板安装和钢筋绑扎完成后，才能进行。土方、砌筑、混凝土及装饰等工程施工，都有保证质量和安全相应的工艺要求。因此，要对工艺技术进行科学周密的计划和安排。

二、施工项目技术管理工作内容

（一）企业技术管理基础工作

企业技术管理基础工作是企业的经常性工作、基础性工作。只要企业存在，有生产经营活动，这些工作就存在。如项目管理规划大纲管理、技术开发与新技术推广管理、材料与试验管理、技术质量问题处理管理及技术档案管理等，这些工作一般由企业职能部门负责，项目经理部配合。

总工程师的主要职责。总工程师是企业的技术总负责人，对重大技术疑难问题，有权做出决策。其主要职责如下：

1. 全面负责技术工作和技术管理工作。

2. 贯彻执行国家的技术政策、技术标准、技术规程、验收规范和技术管理制度。

3. 组织编制技术措施纲要及技术工作总结。

4. 领导开展技术革新活动，审定重大技术革新、技术改造和合理化建议。

5. 组织编制和实施科技发展规划、技术革新计划和技术措施计划。

6. 参加重点和大型工程"三结合"设计方案的讨论，组织编制及审批施工组织设计和重大施工方案，组织技术交底和参加竣工验收。

7. 主持技术会议，审定签发技术规定、技术文件，处理重大施工技术问题。

8. 领导技术培训工作，审批技术培训计划。

9. 参加引进项目的考查和谈判。

（二）项目经理部在施工过程中的基本技术管理工作

这部分工作是阶段性的工作，只有当项目经理部存在，有施工生产过程，这部分工作才会发生。如设计文件管理与勘测资料管理、图纸会审管理、工程洽商及设计变更管理、项目管理实施规划与季节性施工方案管理、计量与测量管理等。这些工作一般由项目经理部完成。

技术是指人类在生产过程中积累起来的知识、技能和技术装备，涉及对人、机、料、法、环的了解。要做好项目经理部的技术工作，首先要了解人的思想、情绪、知识技能；了解机具、材料的特点；了解方法、工序、工艺；了解环境因素、水文地质因素、气象因素等。作为资源之一的技术工作，涉及生产者、生产对象、生产手段和技能，不能简单理解为只有技术规范、标准是技术。工程项目的技术涉及人、物，也涉及环境因素。技术管理工作就是要管人的行为和施工过程，使之符合设计文件的要求，符合标准、规章制度的要求。正确了解机具和材料的特征和特性，发挥其作用，适应环境条件，趋利避害，使技术工作做到准确、及时、可行、可靠、系统、完整。由此可见，技术工作本身要求管好人的行为，即要求明确各技术职能人员的工作职责。

1. 项目技术负责人的主要职责

项目技术负责人，从行政上讲是项目技术上的负责人，从业务上讲是项目技术上的决策人。其主要职责有以下几方面：

（1）项目技术负责人，是项目部行政领导的重要成员，是项目部生产经营决策人之一。

在项目经理领导下负责贯彻国家、地方、企业制定的有关科技进步方针、技术政策和法规，组织工程技术人员和广大职工推进科技进步，加强施工过程管理，不断提高工程质量和施工技术水平，使项目部取得良好的经济效益和社会效益。

（2）负责组织编制本项目部的技术开发、新技术推广计划，在项目经理及企业负责人批准后负责实施工作。

（3）协助项目经理建立健全项目管理实施规划管理制度，审定本项目的技术管理实施规划，并组织报批工作。

（4）协助项目经理建立项目质量保证体系，组织项目开展质量管理工作，负责解决工程质量中的技术问题。

（5）负责建立健全项目技术管理体系，组织编制项目技术责任制，贯彻企业的技术规章、制度。负责审定和管理项目部的技术文件，解决施工生产中的技术问题。

（6）负责施工过程中的基本技术管理工作，项目经理部对技术管理体系的机构设置、人员配备、使用、晋升、奖惩应征得技术负责人的同意。

（7）技术负责人犯有严重技术、质量过失或失职，造成重大损失的应给予必要的行政或经济处罚。

（8）技术负责人能坚持原则，秉公办事，忠于职守，工作中取得显著成绩，对推动企业技术进步、完成重大项目取得显著成果的应予以奖励。

（9）技术负责人在完成项目施工的同时，能带领项目部技术人员提高素质、改进管理工作，成绩显著的应予以奖励。

2. 专业工程师的主要职

项目组织通常配有专业工程师、技术员等职能管理人员。

专业工程师的主要职责如下：

（1）主持编制施工组织设计和施工方案，审批单位工程的施工方案。

（2）主持图纸会审和工程的技术交底。

（3）组织技术人员学习和贯彻执行各项技术政策、技术标准和各项技术管理制度。

（4）组织制定保证工程质量和安全的技术措施，主持主要工程的质量检查，处理施工质量和施工技术问题。

（5）负责技术总结，汇总竣工资料及原始技术凭证。

（6）编制专业的技术革新计划，负责专业的科技情报、技术革新、技术改造和合理化建议，对专业的科技成果组织鉴定。

三、施工项目技术管理制度

技术管理制度是要求项目经理部相关人员共同遵守的办事规程。应将涉及技术管理范畴的技术要素和技术活动过程一一明确，将管理职能逐一分配到人。明确工作内容和责任，明确横向配合关系，按计划时间、质量标准完成。明确过程中的检查、协调，记录完成情况并进行考核。通常的技术工作管理制度如下：

（一）图纸会审管理制度

为了保证能够按设计图纸的要求进行施工，必须熟悉、审查并最终掌握设计内容。图纸会审工作首先由项目技术负责人组织内部会审，包括各专业的图纸学习与初审、各专业之间的会审、总分包间的综合会审，明确外审时所提出的问题及解决问题的方案，做到施工前完成外审，留有施工准备工作时间。

外审是项目组织在内审之后，参加由建设单位或其委托的监理单位、设计单位三方代表与会的，对设计图纸的审查，外审通常由监理单位（或建设单位）主持，先由设计单位介绍设计意图和图纸、设计特点、对施工的要求等。然后，由施工单位提出图纸中存在的问题和对设计单位的要求，通过三方讨论与协商，解决存在的问题，写出会议纪要，交给设计人员，设计人员将纪要中提出的问题通过书面的形式进行解释或提交设计变更通知书。

图纸审查的重点应是设计是否符合国家有关方针、政策，设计与实际情况是否相符及施工的可能性，地基处理得当与否，各专业间有无矛盾，设计图纸是否齐全，图纸本身及相互之间有无错误和矛盾，图纸与说明是否一致等。通过图纸会审领会设计意图，明确技术要求，减少施工图中差错，提出修改与洽商意见，避免技术事故或产生经济质量问题具有重要作用。

（二）建立工程洽商，设计变更管理制度

项目实施过程中，施工承包方必须与各参与方，以及与项目相关的单位和部门打交道。项目实施过程中，各参与方之间为使工程能顺利地实现预定的目标，需要经常不断地进行技术洽商，尤其是业主方与设计单位之间经常出现设计文件的变更洽商。

为此，开工前由项目技术负责人明确相关责任人，由责任人组织制定管理制度，经批准后实施。保证工程洽商的程序、内容有序规范。例如，设计变更涉及的内容、变更事项所在图纸上的编号、节点号清楚，内容详尽，图文结合；尺寸、计量单位、技术要求明确，符合规程、规范精神等。

工程洽商、设计变更内容涉及技术、经济、工期诸多方面，应实行分级管理，并明确哪些技术洽商可以由项目经理部各专业负责人签证。涉及影响原规划及公用、消防部门已审定的项目，如改变使用功能，增减建筑高度、面积，改变建筑外廓形态及色彩等项目，应明确其变更需要具备哪些条件，由哪一级签证。签证人员应是授权签证人，并确保每一位该持有有效文件的人员能及时得到文件，做到文件管理系统、完整、有效。

（三）施工组织设计与季节性施工方案管理制度

1. 施工组织设计

项目经理部为全面完成工程施工任务，必须在工程开工之前编制"施工组织设计"。它是整个工程施工管理的执行计划，是施工项目的管理规范，是施工的指导性文件。其在施工项目的各个阶段中执行，并在执行过程中接受企业有关职能部门（如总工办）的监督

和跟踪。项目管理结束后，必须对施工组织设计的编制、执行的经验和问题进行总结分析，并归档保存。

"施工组织设计"包括下列内容：工程概况、施工目标、施工组织、施工部署、施工方案、施工进度计划、资源供应计划、施工准备工作计划、施工平面图、技术措施、风险管理、信息管理、技术经济指标分析等。

在项目经理部技术管理工作中，施工组织设计编制是一项面广量大的工作，其工作质量直接影响项目管理的质量。随着经济体制改革的不断深化，进入市场经济环境后，建筑业有了招投标工作。由投标人在投标前编制的，旨在作为投标依据、满足投标文件要求及签订合同要求的管理规划文件称为标前施工组织设计，编制者是企业（投标人），核心内容是投标人向发包人说明将如何组织项目实施，以实现标书规定的工期、质量、造价目标，是企业对外的承诺。在开工之前由项目经理主持编制的，旨在指挥施工项目管理，实施全过程、实施性管理的规划文件称为标后施工组织设计。其核心是项目经理向企业法人代表说明项目经理将组建一个什么样的组织机构，在施工过程中采用什么方法与措施确保企业法人代表与发包方签订的合同能够履约，并实现企业对项目经理部的责任目标。主编人是项目经理，其核心内容是讲如何组织实施和管理。

施工组织设计一经企业主管部门批准，该文件的性质就成为企业法人代表对项目经理部的指令。在执行中，当主客观条件发生变化，需要对实施规划进行修改、变更时，应报请原审批人同意后方可实施。

2. 季节性施工方案

由于工程项目生产周期长，一般的工程也需要跨季度施工。就我国所处地理位置而言，季节特征比较明显，加之工程施工又是露天作业，所以跨季连续施工的项目必须编制季节性施工方案，并遵守有关规范，采取一定措施保证工程质量。如工程所在地室外平均气温连续 5d 稳定低于 5℃时，应按编制的冬期施工方案进行施工；雨期到来以前应编制完成雨期施工方案。

（四）原材料、成品、半成品检验与施工试验管理

原材料、成品、半成品检验与施工试验管理是合理使用资源、确保工程质量的重要措施。一切用于工程上的原材料、半成品、成品，必须由供货方提供合格证明文件，没有证明的或认为有必要的，必须在使用前检验或复验，合格后才能使用。

砂浆、混凝土、回填土、焊接、防水等工程施工，均须按试验规定的配合比、指数（参数）、操作方法进行施工，并在施工中抽样检查工程质量。

（五）技术交底与工艺管理制度

1. 技术交底

技术交底是管理者就某项工程的构造、材料要求、使用的机具、操作工艺、质量标准、检验方法及安全、劳保、环保要求等，在施工前对操作者所做的系统说明。

技术交底要求符合图纸、图集要求，总体安排符合施工项目实施规划，交底须有相应的交底记录。整个工程施工、各分部分项工程施工，均须做技术交底。特殊和隐蔽工程更应认真做技术交底。在交底时应着重强调易发生质量事故与工伤事故的工程部位，防止各种事故的发生。通过技术交底使职工对技术要求做到心中有数，科学地进行生产活动。

2. 工艺管理

工艺管理是管理者在施工过程中检查操作者是否按图纸要求、操作工艺要求进行操作，能否达到质量标准，操作工艺有无不适合客观条件，需要改进的方面。工艺要求符合规范、规程、工艺标准，不发生指导性错误，过程有控制，工艺有改进，资料完整具有可追溯性。

工艺管理、技术交底宜实行分级分专业管理。属于全场性的技术交底，如施工项目实施规划，宜由项目技术负责人交底；一般分部分项工程可由施工员交底。

（六）隐、预检工作管理制度

1. 隐蔽工程

隐蔽工程是指完工后将被下一道工序所掩盖，其质量无法再次进行复查的工作部位。隐蔽工程项目在隐蔽前应进行严密检查，做好记录，签署意见，办理验收手续，不得后补。有问题需要复验的，须办理复验手续，并由复验人做出结论，填写复验日期。

2. 预检工程

预检是指该工程项目或分项工程在未施工前所进行的预先检查。预检是保证工程质量、防止可能发生差错造成质量事故的重要措施。除施工单位自身进行预检外，监理单位应对预检工作进行监督并予以审核认证。预检时要做好记录。建筑工程的预检项目包括：建筑物定位测量，基槽验线，楼层放线，楼层 50 cm 水平线检查，模板，预制构件吊装，设备基础，施工缝留置位置与处理，防水层、装饰基层处理等。

隐、预检工作实行统一领导，分专业管理。各专业应明确责任人，管理制度要明确隐、预检的项目和工作程序，参加的人员按实施规划所划分的单位工程、流水段制订分栋号、分层、分段的检查计划，对遗留问题的处理要有专人负责。确保及时、真实、准确、系统，资料完整具有可追溯性。

（七）技术信息和技术资料管理制度

技术信息和技术资料由通用信息、资料（法规和部门规章、材料价格表等）和本工程专项信息资料（施工记录、施工技术资料等）两大部分组成。前者对项目施工是指导性、参考性资料；后者是工程归档资料，是为工程项目竣工后，给用户在使用维护、改建、扩建及给本企业再有类似的工程施工时作为参考。

工程归档资料是在生产过程中直接生产和自然形成的，对与工程建设有关的重要活动、记载工程建设主要过程和现状、具有保存价值的各种载体的文件，均应收集齐全，整理立卷后归档。单位工程竣工的施工技术资料内容有：主要原材料、成品、半成品、设备的合格证明及试验记录，施工试验记录，施工记录，预检记录，隐蔽工程验收记录，基础、结构验收记录，设备安装工程记录，施工组织设计，技术交底，工程质量检验评定，竣工验收资料，图纸会审记录、设计变更、洽商记录，竣工图等；还有项目施工管理实施规划、研究与开发资料、大型临时设施档案、施工日志、技术管理经验总结等。

技术信息、技术资料的形成，须建立责任制度，统一领导，分专业管理。做到及时、准确、完整，符合法规要求，无遗留问题。

（八）技术措施与成品保护措施管理制度

1. 技术措施

技术措施是为了克服生产中的薄弱环节，挖掘生产潜力，保证完成生产任务，获得良好的经济效果，在提高技术水平方面采取的各种手段和方法。技术措施是综合已有的先进经验，如节约原材料，降低成本等措施，它不同于技术革新。要做好技术措施管理工作，必须编制、执行技术措施计划。

技术措施的制定要求做到符合规程、规范，具有可操作性，技术可靠，效果明显，有责任人。

2. 成品保护措施

建筑装饰起着保护结构构件，改善空间环境，美化建筑的功效。施工过程中，如果对已完部位或成品，不采取妥善的措施加以保护，就会造成损伤，严重的有些难以恢复原状，而成为永久性的缺陷。为此，一方面应加强教育，提高全体员工的成品保护意识；另一方面应合理确定施工顺序，制定并采取有效措施，认真保护成品不受到别的工序的污损。对已完成的成品要采取封、盖、包、护等保护措施。已经全部完成的部位，要立即组织清理，保护好成品。依可能和需要，可以按房间或层段锁门封闭，严禁无关人员（包括项目内部人员）进入，防止损坏成品或丢失零配件。尤其是高标准、高级装修的工程（如宾馆、饭店等），每一个房间的装修和设备安装一旦完毕，就要立即严加封闭，乃至派专人看管成品。

保护措施做到低成本，好效果，实施有计划，过程有管理，有记录。

另外，还需要建立勘测、设计文件管理制度；建立计量、测量工作管理制度；建立技术质量问题处理管理制度；建立新工种培训制度；建立工程质量检验评定和档案资料管理制度等。

第六节　项目资金管理

一、项目资金管理的目的

（一）保证收入

生产的正常进行需要一定的资金来保证，项目经理部资金的来源，包括公司拨付资金、向发包人收取工程进度款和预付备料款，以及通过公司获取的银行贷款等。

由于工程项目生产周期长，采用的是承发包合同形式，工程款一般按月度结算收取，因此，要抓好月度价款结算，组织好日常工程价款收入，管好资金入口。国际通用的FIDIC条款采用中期付款结算月度施工完成量，施工单位每月按规定日期报送监理工程师，并会同监理工程师到现场核实工程进度，经发包方审批后，即可办理工程款拨付。

目前，我国工程造价多数采用暂定量或合同价款加增减账结算，抓好工程预算结算，以尽快确定工程价款总收入，是施工单位工程款收入的保证。开工以后，随工、料、机的消耗，生产资金陆续投入，必须随工程施工进展抓紧抓好已完工程的工程量确认及变更、索赔、奖励等工作，及时向建设单位办理工程进度款的支付。在施工过程中，特别是工程收尾阶段，注意抓好消除工程质量缺陷，保证工程款足额拨付，工程质量缺陷暂扣款有时占用较大资金。同时还要注意做好工程保修，以利于5%工程尾款（质量保证金）在保修期满后及时回收。

（二）节约支出

施工中直接或间接的生产费用支出耗费的资金数额很大，须精心计划，节约使用，保证项目经理部有资金支付能力。主要是抓好工、料、机的投入，需要注意的是其中有的工、料、机投入可负债延期支付，但终究是要用未来期收入偿付的，为此同样要加强管理。必须加强资金支出的计划编制，各种工、料、机都要有消耗定额，管理费用要有开支标准。总之，抓好开源节流，组织好工程款回收，控制好生产费用支出，保证项目资金正常运转，在资金周转中使投入能得到补偿并增值，才能保证生产持续进行。

（三）防范资金风险

项目经理部对项目资金的收入和支出要做到合理的预测，对各种影响因素进行正确评估，最大限度地避免资金的收入和支出风险。目前，工程款拖欠，施工方垫付工程款造成许多施工企业效益滑坡，甚至出现经营危机。

注意发包方资金到位情况，签好施工合同，明确工程款支付办法和发包方供料范围。在发包方资金不足的情况下，尽量要求发包方供三材（钢材、木材、商品混凝土）和门窗等加工定货，防止发包方把属于甲方供料，甲方分包范围的转给承包方支付。关注发包方资金动态，在已经发生垫资施工的情况下，要适当掌握施工进度，以利回收资金。如果发现工程垫资超出原计划控制幅度，要考虑调整施工方案，压缩规模，甚至暂缓施工，同时积极与开发商协商，保住开发项目，以利收回垫资。

（四）提高经济效益

项目经理部在项目完成后做出资金运用状况分析，确定项目经济效益。项目效益好坏，相当程度上取决于能否管好用好资金。资金的节约可以降低财务费用，减少银行贷款利息支出。必须合理使用资金，在支付工、料、机生产费用上，考虑货币的时间因素，签好有关付款协议，货比三家，压低价格。承揽任务，履行合同的最终目的是取得利润，只有通过"销售"产品收回了工程价款，取得了盈利，成本得到补偿，资金得到增值，企业再生产才能顺利进行。一旦发生呆、坏账，应收工程款只停留在财务账面上，利润就不实了。为此，抓资金管理，就投入生产循环往复不断发展来讲，既是起点也是终点。

二、编制项目资金收支计划

项目经理部根据施工合同、承包造价、施工进度计划、施工项目成本计划、物资供应计划等编制项目年、季、月度资金收支计划，上报企业财务部门审批后实施。通过项目资金计划管理实现收入有规定，支出有计划，追加按程序。为使项目资金运营处于受控状态，计划范围内一切开支要有审批，主要工料的大宗开支要有合同。

（一）项目资金收支计划的内容

项目资金计划包括收入方和支出方两部分。收入方包括项目本期工程款等收入，向公司内部银行借款，以及月初项目的银行存款。支出方包括项目本期支付的各项工料费用，上缴利税基金及上级管理费，归还公司内部银行借款，以及月末项目银行存款。

工程前期投入一般要大于产出，这主要是现场临时建筑、临时设施、部分材料及生产工具的购置，对分包单位的预付款等支出较多，另外还可能存在发包方拖欠工程款，使得项目存在较大债务的情况。在安排资金时要考虑分包人、材料供应人的垫付能力，在双方协商基础上安排付款。在资金收入上要与发包方协调，促其履行合同按期拨款。

（二）年、季、月度资金收支计划的编制

年度资金收支计划的编制，要根据施工合同工程款支付的条款和年度生产计划安排，预测年内可能达到的资金收入，再参照施工方案，安排工、料、机费用等资金分阶段投入，做好收入和支出在时间上的平衡。编制时，关键是摸清工程款到位情况，测算筹集资金的额度，安排资金分期支付，平衡资金，确定年度资金管理工作总体安排。这对保证工程项目顺利施工，保证充分的经济支付能力，稳定队伍，提高职工生活，顺利完成各项税费基金的上缴是十分重要的。

月、季度资金收支计划的编制，是年度资金收支计划的落实与调整。要结合生产计划的变化，安排好月、季度资金收支，重点是月度资金收支计划。以收定支，量入为出，根据施工月度作业计划，计算出主要工、料、机费用及分项收入，结合材料月末库存，由项目经理部各用款部门分别编制材料、人工、机械、管理费用及分包费支出等分项用款计划，经平衡确定后报企业审批实施。月末最后5d内提出执行情况分析报告。

三、项目资金的使用管理

（一）内部银行

内部银行即企业内部各核算单位的结算中心，它按照商业银行运行机制，为各核算单位开立专用账号，核算各单位货币资金收支，把企业的一切资金收支和内部单位的存款业务，都纳入内部银行。内部银行本着对存款单位负责，谁账户的款谁用、不许透支、存款有息、借款付息、违章罚款的原则，实行金融市场化管理。

内部银行同时行使企业财务管理职能，进行项目资金的收支预测，统一对外收支与结算，统一对外办理贷款筹集资金和内部单位的资金借款，并负责组织好企业内部各单位利税和费用上缴等工作，发挥企业内部的资金调控管理职能。内部银行具有市场化管理和企业财务管理调控两项职能，既体现了项目经理部在资金管理上的责权利，又能在公司财务部门调控管理下统一运行，充分发挥项目经理部资金管理的积极性。

（二）财务台账

鉴于市场经济条件下多数商品及劳务交易，事项发生期和资金支付期不在同一报告期，债务问题在所难免，而会计账又不便于对各工程繁多的债权债务逐一开设账户，做出记录。

因此，为控制资金，项目经理部需要设立财务台账，做会计核算的补充记录，进行债权债务的明细核算。

应据材料供应渠道，按组织内部材料部门供应和项目经理自行采购的不同供料方式建立材料供货往来账户，按材料的类别或供货单位逐一设立，对所有材料包括场外钢筋等加工料，均反映应付货款（贷方）和已付购货款（借方）。抓好项目经理部的材料收、发、存管理是基础，材料一进场就按规定验收入库，当期按应付货款进行会计处理，在资金支付时冲减应付购货款。此项工作由项目材料部门负责提供依据，交财务部门编制会计凭证，其副页发给材料员登记台账。

应据劳务供应渠道，按组织自有工人劳务队、外部市场劳务队和市场劳务分包公司，建立劳务作业往来账户，按劳务分包公司名称逐一设立，反映应付劳务费和已付劳务费的情况。抓好劳务分包的定额管理是基础，要按报告期对已完分部分项工程进行结算，包括索赔增减账的结算，实行平方米包干的也要将报告期已完平方米包干项目进行结算，对未完劳务可报下个报告期一并结算。此项工作由项目劳资部门负责提供依据，由定额员交财务部门编制会计凭证，其副页发给定额员登记台账。

不属于以上工料生产费用的资金投入范围的分包工程、机械租赁作业、商品混凝土，分别建立分包工程、产品作业、供应等往来账户，应按合同单位逐一设立，反映应付款和已付款。要按报告期或已完分部分项工程对上述合同单位生产完成量进行分期结算。此项工作由项目生产计划统计部门负责办理提供依据，由统计员交财务部门编制会计凭证，其副页发给统计员登记台账。

项目经理部的台账可以由财务人员登账，也可在财务人员指导下由项目经理部登账，总之要便于工作。明细台账要定期和财务账核对，做到账账相符，还要和仓库保管员的收发存实物账及其他业务结算账核对，做到账实相符，做到财务总体控制住，以利于发挥财务的资金管理作用。

（三）项目资金的使用管理

首要是建立健全项目经理负责的项目资金管理责任制。做到统一管理、归口负责、业务交圈对口、明确职责与权限。

项目资金的使用管理应本着促进生产、节省投入、量入为出、适度负债的原则；要兼顾国家、企业、员工三者的利益；要依法办事，按规定支付各种费用，尤其要保证员工工资按时发放，保证劳务费按劳务合同结算和支付。

项目资金的管理实际上反映了项目管理的水平，从施工方案的选择、进度安排到工程的建造，要用先进的施工技术，科学的管理方法提高生产效率、保证工程质量、降低各种消耗，努力做到以较少的资金投入，创造较大的经济价值。

管理方式讲求手段，要合理控制材料资金占用，项目经理部要核定材料资金占用额，包括主要材料、周转材料、生产工具等。例如，对周转材料可依租赁价按月计价计算支出，然后对劳务队占用与使用按预算核定收入数，节约有奖，反之扣一定比例的劳务费。

抓报量、抓结算，随时办理增减账索赔，根据生产随时做好分部工程和整个工程的预算结算，及时回收工程价款，减少应收账款占用。抓好月度中期付款结算及时报量，减少未完施工占用。

参考文献

[1] 李树芬 . 建筑工程施工组织设计 ［M］. 北京：机械工业出版社，2021.

[2] 高将，丁维华 . 建筑给排水与施工技术 ［M］. 镇江：江苏大学出版社，2021.

[3] 李联友 . 工程造价与施工组织管理 ［M］. 武汉：华中科学技术大学出版社，2021.

[4] 刘臣光 . 建筑施工安全技术与管理研究 ［M］. 北京：新华出版社，2021.

[5] 张甡 . 绿色建筑工程施工技术 ［M］. 长春：吉林科学技术出版社，2020.

[6] 路明 . 建筑工程施工技术及应用研究 ［M］. 天津：天津科学技术出版社，2020.

[7] 廖玲 . 建筑工程施工技术研究 ［M］. 哈尔滨：东北林业大学出版社，2020.

[8] 管科峰，张晓林，张元涛 . 建筑工程施工技术与质量控制研究 ［M］. 北京：文化发展出版社，2020.

[9] 夏书强 . 建筑施工与工程管理技术 ［M］. 长春：北方妇女儿童出版社，2020.

[10] 李娜 . 建筑工程与施工测量技术 ［M］. 西安：西北工业大学出版社，2020.

[11] 郝增韬，熊小东 . 建筑施工技术 ［M］. 武汉：武汉理工大学出版社，2020.

[12] 李联友 . 建筑设备施工技术 ［M］. 武汉：华中科技大学出版社，2020.

[13] 张蓓，高琨，郭玉霞 . 建筑施工技术 ［M］. 北京：北京理工大学出版社，2020.

[14] 钟汉华，董伟 . 建筑工程施工工艺 ［M］. 重庆：重庆大学出版社，2020.

[15] 陈思杰，易书林 . 建筑施工技术与建筑设计研究 ［M］. 青岛：中国海洋大学出版社，2020.

[16] 周太平 . 建筑工程施工技术 ［M］. 重庆：重庆大学出版社，2019.

[17] 刘景春，刘野，李江 . 建筑工程与施工技术 ［M］. 长春：吉林科学技术出版社，2019.

[18] 杨丽平，宋永涛，刘萍 . 建筑工程结构与施工技术应用 ［M］. 哈尔滨：哈尔滨工程大学出版社，2019.

[19] 黄良辉 . 建筑工程智能化施工技术研究 ［M］. 北京：北京工业大学出版社，2019.

[20] 杨绍红，沈志翔 . 绿色建筑理念下的建筑工程设计与施工技术 ［M］. 北京：北京工业大学出版社，2019.

［21］刘向宇．建筑工程施工技术［M］．北京：清华大学出版社，2019.

［22］王诗玉．建筑工程施工技术［M］．开封：河南大学出版社，2019.

［23］王长青．建筑工程施工技术基本理论研究［M］．长春：吉林科学技术出版社，2019.

［24］刘玉．建筑工程施工技术与项目管理研究［M］．咸阳：西北农林科技大学出版社，2019.

［25］刘迪．建筑工程经济与项目管理研究［M］．延吉：延边大学出版社，2022.08.

［26］蒲娟，徐畅，刘雪敏．建筑工程施工与项目管理分析探索［M］．长春：吉林科学技术出版社，2020.

［27］李红立．建筑工程项目成本控制与管理［M］．天津：天津科学技术出版社，2020.

［28］李双营．建筑工程项目管理［M］．沈阳：东北大学出版社，2020.

［29］关秀霞，高影．建筑工程项目管理［M］．北京：清华大学出版社，2020.

［30］张忠武，李冰．建筑工程项目管理研究［M］．长春：吉林出版集团股份有限公司，2020.

［31］谢晶，李佳颐，梁剑．建筑经济理论分析与工程项目管理研究［M］．长春：吉林科学技术出版社，2021.

［32］杨海萍，彭海燕，王勇．建筑工程项目管理［M］．哈尔滨：哈尔滨工业大学出版社，2021.